巧夺天工

中国红木家具企业标准「领跑者」

揭开红木家具制作的神秘面纱
让更多人了解红木家具……

山东巧夺天工家具有限公司 编著

山东城市出版传媒集团·济南出版社

图书在版编目（CIP）数据

巧夺天工：中国红木家具企业标准“领跑者”/山东巧夺天工家具有限公司编著.—济南：济南出版社，2024.1

ISBN 978-7-5488-5822-5

Ⅰ.①巧… Ⅱ.①山… Ⅲ.①红木科—木家具—制作—中国②家具工业—工业企业—企业文化—山东 Ⅳ.①TS664.1②F426.8

中国国家版本馆CIP数据核字（2023）第151021号

巧夺天工 QIAODUO TIANGONG

山东巧夺天工家具有限公司 / 编著

出 版 人 田俊林

责任编辑 袁 满 杨珊卉 何 琼

装帧设计 宋英敏

出版发行 济南出版社

地　　址 济南市市中区二环南路1号（250002）

总 编 室 （0531）86131715

印　　刷 山东黄氏印务有限公司

版　　次 2024年1月第1版

印　　次 2024年1月第1次印刷

成品尺寸 170 mm × 230 mm 16开

印　　张 9.5

字　　数 114千字

定　　价 25.00元

前言

红木家具作为中国传统工艺、美学及文化的重要载体，历来是尊贵和财富的象征，更是中国传统文化的瑰宝。红木家具行业理应得到很好的发展，然而，其市场现状却不容乐观。

红木家具行业是个特殊的行业，具有较强的专业性。大部分消费者在选购红木家具时缺乏专业的知识和经验，这就给一些不良商家提供了可乘之机。这些不良商家所生产的产品以假乱真、以次充好，变形开裂严重，连正常使用都保证不了，更谈不上收藏、传承。长期积累的这些行业弊病，使红木家具行业发展瓶颈日益凸显。一味地抄袭模仿、低价竞争的路子逐渐走到尽头，行业转型升级迫在眉睫。

本书为红木消费者、爱好者、收藏者提供了学习红木专业知识、弘扬红木文化的平台，从历史文化、生产工艺、材质介绍、消费常识、市场现状等方面入手，对红木家具的选材用料、制作过程进行了详细的讲解，揭开了红木家具制作的神秘面纱。同时，本书将山东巧夺天工家具有限公司的红木家具制作工艺流程和盘托出，旨在让更多的人了解“巧夺天工”，了解博大精深的红木文化，了解红木家具市场现状，从而树立科学、理性的消费观。

目　录
contents

第一章
红木家具行业发展概述

第一节
红木家具行业的发展历程和现状

一、中国古典家具的起源与发展

中国家具文化源远流长，在人类历史发展进程中扮演了重要的角色，是中国传统文化的一颗璀璨明珠。

中国家具的历史起源于夏朝。这之后，中国家具经历了不同时期、不同阶段的发展与演变。中国早期家具的雏形是“俎”。俎是祭祀时放祭品的器具，它具有家具的基本特征，是桌案之始。

春秋战国时期，出现了低矮的家具，青铜器也逐渐被漆器代替。这个时期，家具制作水平有了很大提高，出现了像鲁班这样影响深远的木匠。

铜俎

秦汉时期，漆木家具的发展进入全盛期，并形成了较为完整的家具系列。作为坐具的床和榻在这个时期已被广泛使用，这为后来人们“垂足而坐”奠定了基础。

从西晋时期开始，跪坐的礼节观念逐渐淡薄，至南北朝时期，出现了扶手椅、束腰圆凳等高型家具。

隋唐五代时期是我国高型家具快速发展时期。这个时期，高矮家具并存发展。晚唐五代时期，人们以追求豪华奢侈的生活为时尚。当时，许多重大宴请社交活动都由绘画高手加以记录，这给后人研究、考察当时人们的生活环境提供了极为可靠的图像资料。五代画家顾闳中的《韩熙载夜宴图》就是一个很好的例子。《韩熙载夜宴图》向我们清晰地展示了五代时期家具的使用状况，其中有直靠背椅、条案、屏风、床、榻、墩等。唐代至五代时期家具完整简洁的形式也向我们预示了明式家具的前期形态，为中国古典家具的鼎盛发展打下了基础。

《韩熙载夜宴图》

宋代家具是文人家具的开端，宋代是中国家具承前启后的重要发展时期。这个时期，“垂足而坐”的椅、凳等高脚坐具已普及民间，结束了几千年来中国人“席地而坐”的习俗。宋代家具淳朴纤秀、结构合理，重视外型结构与人体的关系，工艺严谨、造型优美。

宋式太师椅

至此，中国家具的发展进入鼎盛时期。随着明朝后期木工工具的革新，人们具备了制作硬木家具的条件，红木家具正式登上历史舞台。

二、红木家具的起源与发展

红木家具的大规模制作和使用始于永乐三年（1405年）。郑和七下西洋，带回的压舱木中就有木质坚硬、结构细腻、纹理美观的红木。这些红木在能工巧匠的雕琢下被制作成了家具。这些由红木制成的家具在坚固程度和美观实用等方面都超越了前代，在当时仅宫廷显贵才有资格使用。但随着红木家具的发展，红木家具从宫廷逐步走进民间，进而成为中国传统文化的重要组成部分。

1. 洗练简约——明式家具

明朝中期至清朝早期是红木家具发展的第一个高峰时期。这个时期所生产的家具在世界家具史上具有举足轻重的地位。当时，文人与当政者都热衷参与家具设计与制作，使家具的制造工艺与器型都达到了前所未有的高度。“木匠皇帝”明熹宗朱由校便是其中的典范。他擅长木匠活，且手艺高超，创造出了前所未有的家具式样。他的创新意识对明代家具的设计产生了深远的影响。

明式家具造型简练、结构严谨、装饰适度、用材考究，形成了稳定鲜明的家具风格。黄花梨、檀香紫檀等名贵木材在明式家具制作中被大量使用。明式家具将中国古典家具艺术升华到了巅峰。

明式螭龙纹圈椅

2. 雍容华贵——清式家具

中国传统家具发展到清朝康乾时期，形成了有别于明式家具的“清式流派”。在当时的社会文化背景下，清式家具一味追求富丽华贵的繁缛雕饰。当然，家具的发展与当时当政者的思想是密不可分的。所以，清式家具用料厚重，很少有拼接做法，极尽奢华。因地域差别，当时出现了对红木家具影响深远的三大流派——“苏作”“广作”“京作”，它们自成一体，各领风骚。

清式紫檀高束腰七屏风嵌珐琅大宝座

3. 中西合璧——民国家具

随着清朝末年西方国家对中国的入侵，中国家具的“欧化之风”就此开始。到民国时期，已经出现大量直接仿制西洋式样的家具，如片床、沙发、梳妆台等，这些或西式，或中西结合的家具便是当时最具影响力的“海派家具”。

民国后期，国内战争频发，民族手工业遭到严重破坏，红木家具行业也每况愈下，进入衰退期。

民国时期的沙发

三、近代红木家具的行业现状

红木家具行业的第二次繁荣始于20世纪80年代。随着人们物质生活水平的不断提高，对精神富足的期待也更加强烈。既耐用环保、蕴含文化底蕴，又能传承收藏的红木家具进入人们的视野。从2008年开始，红木家具企业如雨后春笋般发展起来。据不完全统计，截至2016年，中国有3万余家大大小小的红木家具企业，年产值超过1650亿元，占全国家具行业总产值的15%～20%。

然而，因缺乏规范有效的市场监管，市场上涌现出大量的红木家具小作坊，以福建仙游、广东中山、河北大城、浙江东阳为代表的红木家具产业基地发展迅速，出现了“家家户户做红木”的壮观景象。“红木一条街”随处可见，红木家具行业呈现出前所未有的粗放式发展，几个人、几十个人买几台设备就开始生产，甚至出现了“前店后厂”的生产经营模式。而红木家具行业因其较强的专业性，造成了厂家与消费者的信息不对称，给一些不良商家提供了可乘之机——产品粗制滥造、以次充好、以假乱真。这种市场现状亟须规范。

红木家具集实用、欣赏、收藏、传承于一体，理应走在行业的最前沿，但现实并非如此，行业整体处于相对落后、混乱无序的状态。红木家具制造商以小作坊居多，即使是大厂家，其产品定位也偏向中低端；即使有一些定位做高端家具的厂家，其生产规模也不大，产量很低，只能满足小部分消费者，且都是区域式经营。总之，在整个红木家具市场，真正“型艺材韵”俱佳的精品家具少之又少，让同行、消费者都熟知且认可的红木家具大品牌几乎没有，行业整体处于同质化严重、价格无序竞争的状态。

2014 年，红木家具行业发展整体放缓，市场过度炒作导致红木家具价格大幅回落，销售量也明显下降，商家倒闭、老板跑路的不良现象频发。

2017 年，国家环保政策不断加码，一些环保不达标、技术研发能力弱、产能落后的企业被淘汰，红木家具行业“洗牌”正式拉开帷幕，两极分化逐步显现。90% 以上的厂家产能萎缩，也有部分厂家将生产材质由高端转为低端，甚至使用非国标红木。

2020 年，突如其来的新冠疫情给很多行业带来了不小的冲击，特别是对以小作坊居多的红木家具行业影响极大。小作坊生产的产品在市场上本就缺乏竞争力，企业的抗风险能力也差。受新冠疫情的影响，原材料价格持续上涨，小作坊在经营上更是出现了入不敷出的状况。而消费者对品质的要求有增无减，他们更倾向于选择大品牌，因为大品牌无论是品质还是服务都更有保障。消费者在消费时也没有之前那么冲动、盲目了，变得更加理性。这一行业“洗牌”的过程，使得红木家具行业渐渐朝着可持续的方向发展。

随着红木原材料日益稀缺，用工成本不断上涨，低端的红木家具生产厂家生存空间越来越小。这些厂家如果只停留在“卖木头”、打价格战的原始阶段，那么面临的将是“灭顶之灾”。只有不断提高生产工艺、提高产品质量、提升产品附加值，才是行业发展的正道。

随着市场不断规范，消费者的精品意识越来越强，能得到社会和消费者普遍认可的必定是那些坚守品质、坚守工匠精神的一流企业。

第二节
红木家具行业的发展趋势

一、产品器型的发展趋势——传承与创新

明清时期是我国古典家具发展的高峰时期。能工巧匠们通过方寸之间的拿捏把握创造精品，其工艺之精准，结构之严密，让人拍案叫绝。现在，随着科技进步及国家经济转型升级，经济社会高速发展，把传统红木家具文化传承下去、发扬光大，是我们义不容辞的责任。

红木家具文化是中国传统文化的重要组成部分，传统的东西必有其独特的历史和文化背景做支撑。改革开放以来，国人以崭新的姿态打开门户迎接世界，在经济发展的过程中，无论是科学技术、文化思潮还是价值理念等都对社会环境、传统文化等领域产生了不小的影响。在保留古典精华的基础上，做出真正符合我们这个时代、符合现代国人新面貌，兼具传承发展、创新求变的精品才是正道。

家具器型设计与当时人们的生活习惯、房屋结构等都有密切的关系。就以红木床为例，古时候的房屋一般较高，通高六七米，门窗密封性不好，带有床幔的架子床可以营造出相对私密、安全的空间，能提高人们的睡眠质量。因此，架子床在当时备受欢迎。

现在的楼房层高大都较低，空间也相对较小，一般的房间放不下架子床，现代红木床就这样应运而生。现代红木床的陈设和使用更符合现代人的生活起居需求。

花鸟双月洞门架子床

现代卧室系列

古人的厅堂主要用来待客、议事，讲究庄重肃穆、正襟危坐，且注重仪式感，在厅堂大多摆放中堂、宝座等款式；而现代客厅多以会客、休闲为主，讲究温馨、舒适。现代红木沙发的设计也是根据当代人们的生活状态创新而来，是这个时代的特色。

如果只是一味地模仿、坚守老一套，未免太故步自封；而全盘否定古人的智慧，另辟蹊径，设计一些哗众取宠的产品，也只能暂时博人眼球，注定难以永续长久。

无论是“传承一派”，还是“创新一派”，都只有真正理解了传统红木文化的精髓，才能既根植传统、秉承前贤，又兼容并蓄、精益求精，制作出经得起时间、经得起民众检验的传世精品。

灵芝中堂六件套

“巧夺天工”生产的现代红木沙发

二、生产工艺的发展趋势——手工与机械

在古代，受技术、工具等限制，家具制作基本为手工作坊式生产。近代红木家具行业发展初期，也依旧停留在原始的状态，业内甚至出现了“红木家具不适合大规模批量化生产”、标榜自己是“纯手工”制作的声音。

问题的关键在于两点：纯手工制作的是不是最好的？规模化批量生产能不能做出精品？我们来逐一分析。

就红木家具生产过程中最基本且最重要的两个工序——开料、榫卯工序来讲，现在走进哪家工厂还能见到手工拉锯裁料、用凿子开卯的呢？区别无非就是机械化程度的先进与否。因此，纯手工制作家具在当今是不存在的。

科学技术是第一生产力。现代机械设备的运用既提高了生产效率，又提升了产品质量，各行各业都已印证了这个不争的事实。现在的数控榫槽机，一台机器的工作效率可抵 8 名工人，且能做到榫卯结合严丝合缝，几乎达到零误差，无论是生产效率还是准确度、精密度，都是纯手工制作和原始设备做不到的。

家具生产也不能完全依赖机械设备，例如，体现红木家具艺术价值的雕刻工艺，必须是机械和手工的完美结合。机器清底和做大体轮廓不但提高了生产效率，而且使底面更加平整，轮廓比例更加协调；而细节的精致雕琢则需要依靠手工才能完成。只有两者完美结合，才能制作出质量上乘、令人赏心悦目的传世精品。完全依赖机械或是盲目迷信纯手工制作都有失偏颇。

红木家具行业必须尽快脱离低能化、粗放式的生产模式，只有充分运用现代科学技术，提高劳动生产率，提升产品质量，学习其他行业先进的管理经验，培养专业的技术人才，才能实现行业的长足永续发展。

第二章
“巧夺天工”的精品定位

第一节
“巧夺天工”企业简介

山东巧夺天工家具有限公司始建于1995年，位于山东省济南市钢城区，现有职工1000余人。企业主要生产黄花梨、檀香紫檀、交趾黄檀、微凹黄檀、绒毛黄檀、大果紫檀等中高端精品红木家具。2015年，巧夺天工红木文化博物馆正式对外开放，使用面积达2.6万平方米。2017年，该博物馆被评为“国家AAA级旅游景区”，成为红木文化科普基地。

公司始终追求卓越品质，坚持“明码实价”、诚信经营，致力于“打造中国红木家具第一品牌”。公司拥有自主研发团队，传承创新，引领市场潮流；开创了红木家具标准件生产、智能化制造的先河；引进现代工业企业的管理软件，实现生产可视化、信息化、智能化与高效化；创新实施“上下工序互检，人人都是质检员”的全方位质量控制体系，确保每一件产品都是精品、艺术品、收藏品。“买精品红木，到巧夺天工”，已成为广大红木爱好者的共识。

坚持科技领先。“巧夺天工”独创的木材干燥工艺获得国家发明专利（专利号：ZL 2017 1 0164989.3），从根本上解决了家具开裂变形的行业通病；引进意大利五轴联动数控加工中心、德国蒸汽式干燥设备等具有国际先进水平的现代化生产设备，既提高了生产效率，又提升了产品品质。

坚持标准领跑。2017年，“巧夺天工”被评为“企业标准‘领跑者’”。“巧夺天工”的用材标准、生产工艺等全部指标远高于国家标准和行业标准，这有效推动了传统产业走上智能化发展之路。2022年7月，

"巧夺天工"获评"山东省级高质量发展企业"，并获得政府奖励资金200万元，这也印证了"巧夺天工"强大的品牌实力和社会影响力。

坚持服务创新。公司量身定制售后服务软件，创建现代化管理体系，打造高素质售后服务团队。这支团队能在24小时内快速处理客户问题，极大地提升了服务质量。在红木家具行业首推"全屋配置，一站配齐"服务。免费上门为顾客量房并设计3D实景效果图，让客户先体验后消费，真正做到让客户省心、放心。

坚持品牌战略。"巧夺天工"先后获得"中国红木行业最具影响力品牌""全国质量诚信标杆企业""2021红木家具四大艺术品牌"等荣誉称号，树立了行业典范。

专业铸就品牌，诚信开拓未来。"巧夺天工"正以其浑厚的底蕴、强大的实力、日趋完美的品质诠释着红木品格。

"巧夺天工"红木文化博物馆

“巧夺天工”厂区鸟瞰图

第二节
“巧夺天工”精品红木家具标准

为规范红木市场，国家相继出台了《红木》（GB/T 18107—2017）、《红木家具通用技术条件》（GB/T 28010—2011），对红木家具的用材和制作工艺制定了相应的技术标准。但这只是最低标准，精品红木家具还要做到“型艺材韵”四者俱佳，无可挑剔。

一、器型——优美考究

型为器之韵。型是红木家具美感的最直接体现。精品红木家具的器型要做到结构科学合理、比例协调匀称，“多一分则肥，少一分则瘦”，这就要求工匠们必须在器型设计上“分毫必争”。

器型考究的霸王枨翘头案

二、工艺——精益求精

艺为器之魂。红木家具自古就有“三分材、七分工”之说。从关乎产品内在品质的干燥、榫卯工艺，到决定外观质量的雕刻、刮磨工艺，每一道工艺都必须一丝不苟，做到极致。精品红木家具的工艺从表面判断应该达到以下标准：

（1）家具不能有明显的开裂、翘曲、变形等问题，榫卯对角结合要严丝合缝，桌面横向抚摸要光滑如镜，抽屉、柜门要开关自如。

（2）家具每个平面、边角和每根线条都要做到横平竖直、圆润顺畅，比如柜类家具，必须做到四个柜体边缘与各对角线呈“米”字状。

柜体边缘与各对角线呈“米”字状

（3）家具内外同工，里外一致，执行统一标准，做到无可挑剔。

三、选材——“表里如一”

材为器之本。无良材不足以成美器。国家标准规定：只要为同一用材，白皮的使用在隐蔽部位不超过该零部件的10%即为合格。而“巧夺天工”的选材在保真的基础上，还达到了以下四个标准：

（1）精选大树主干料。大树主干料是最好的家具用材，不但颜色、花纹好，而且因生长年限长，油性大，木性稳定，做成家具不易开裂变形。

（2）“零白皮”。树木的“边材”又称“白皮”，是树木生长过程中输送养分的部位，含有大量的糖分及活性细胞，易生虫腐烂。我们在做精品红木家具时对白皮“零容忍”。

白茬家具“零白皮”

（3）无拼补。小料拼接、修补的地方用不了多久就会开裂、脱落。所以，产品零部件要做到整料挖取。

零部件整料挖取

精心配料的沙发

（4）精心配料。木料搭配也大有学问。茶几的面板、四个边框都要“一木而开”，只有用一棵树裁出的料拼在一起，才能木性一致、不翘曲变形，并且一套家具要做到颜色一致、花纹协调。

四、韵味——其味无穷

韵承古今，风华传世。“韵”是精品家具的最高境界，是“型艺材”的升华，只有达到这种水平的家具，才算得上是真正的艺术品。

皇宫椅

只有“型艺材韵”完美结合，才能真正体现红木家具的厚韵，使其具备鉴赏、传承、收藏的价值。

第三节 独创干燥核心技术 获得国家发明专利

发明专利是体现一个企业科技创新能力的重要标志。拥有发明专利意味着掌握了行业的核心技术，能使产品品质得到极大提升，还能提高品牌竞争力。

红木家具易开裂变形是困扰行业的一大难题，形成这一问题的原因之一是干燥工艺做得不到位。干燥工艺做不好，家具就会开裂变形，甚至松动散架，直接缩短使用寿命。有些家具用了几年就不得不换掉，更不用谈传承、收藏了。

红木的烘干处理不同于其他木材。普通木材对烘干处理的要求低，仅去除水分就行，所用时间短，工艺简单。而红木硬度高、密度大，很难完全去除水分，属于难干材，且红木油性大，对烘干处理的要求非常高，用一般木材的烘干方法处理根本不行。

2007 年，我们开始生产红木家具。起初，我们按照传统方法建造干燥窑。但在尝试了各种烘干方式后，干燥效果都不理想。我们经过分析研究和反复试验发现，红木干燥不能只是简单地控制木材的含水率，而是要彻底消除木材的张应力。传统的干燥窑预热、传热损失大，窑内温度达不到 100℃，不能从内到外彻底加热、干燥木材。于是，我们引进了世界先进的蒸汽干燥设备，结合多年实践经验，根据各地气候差异，历时 8 年，发明出一套独特的干燥工艺。同时，在一次干燥的基础上增加半成品的二次干燥，该工艺现已获得国家发明专利。

“巧夺天工”通过科学的干燥工艺和严格的操作流程，从根本上解决了红木家具易开裂变形的行业通病，保证了产品品质。

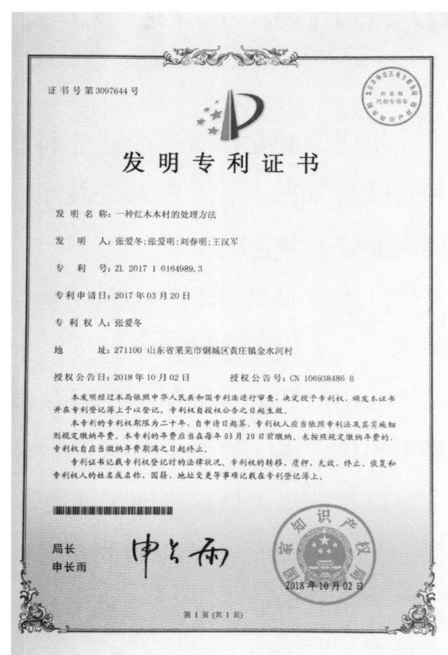
证书号第3097644号

发明专利证书

发明名称：一种红木木材的处理方法

发明人：张爱冬;张爱明;刘春明;王汉军

专利号：ZL 2017 1 0164989.3

专利申请日：2017年03月20日

专利权人：张爱冬

地址：271100 山东省莱芜市钢城区黄庄镇金水河村

授权公告日：2018年10月02日　　授权公告号：CN 106938486 B

本发明经过本局依照中华人民共和国专利法进行审查，决定授予专利权，颁发本证书并在专利登记簿上予以登记。专利权自授权公告之日起生效。

本专利的专利权期限为二十年，自申请日起算。专利权人应当依照专利法及其实施细则规定缴纳年费。本专利的年费应当在每年03月20日前缴纳。未按照规定缴纳年费的，专利权自应当缴纳年费期满之日起终止。

专利证书记载专利权登记时的法律状况。专利权的转移、质押、无效、终止、恢复和专利权人的姓名或名称、国籍、地址变更等事项记载在专利登记簿上。

局长
申长雨

2018年10月02日

第1页（共1页）

发明专利证书

第四节
企业标准“领跑者”

为落实国务院《深化标准化工作改革方案》、推进实施企业产品标准自我声明公开制度，受中国国家标准化管理委员会委托，山东省在全国率先开展了“企业标准‘领跑者’”制度建设试点工作。2017年7月25日，山东巧夺天工家具有限公司入选“企业标准‘领跑者’”名单。

“企业标准‘领跑者’”是指，在同类可比范围内，全部指标优于国家标准和行业标准；主要指标的技术水平或服务要求达到国内领先或国际先进水平；能够有效实施并取得显著经济效益、社会效益或生态效益；对产品质量提升和产业转型升级具有示范引领作用的企业或团体。

国家标准、行业标准、地方标准，这些大家熟知的标准，通常只是“底线”，而“企业‘领跑者’”的标准要远远高于这些。

国家标准与“巧夺天工”企业标准对比表

项目	国家标准具体规定	“巧夺天工”企业标准具体体现
用材	《红木家具通用技术条件》（GB/T 28010—2011）中规定：产品可使用边材。边材的使用应执行相关标准（产品正视面应无边材；其他部位零部件表面的边材含量应不超过该零部件表面积的十分之一，宽度<8 mm的边材不计）。	“零白皮”。
	《红木家具通用技术条件》（GB/T 28010—2011）中规定：全部采用单一用材。	不但保真，而且精选大树主干料，精心配料，“一木一器”，桌面的心板、边框，沙发的搭脑、扶手等部位都是“一木而开”。
木工	《深色名贵硬木家具》（QB/T 2385）中规定：榫卯结合应严密、牢固，最大缝隙应≤0.2 mm，不应该有松动、断榫、裂缝。	榫卯结合严丝合缝，最大缝隙<0.05 mm。
材料干燥处理	《红木家具通用技术条件》（GB/T 28010—2011）中规定：产品用木材应经人工干燥处理，木材含水率应为8%~16%。	通过一次、二次干燥使木材含水率控制在7%~10%，使木材完全适应北方气候，彻底解决了红木家具易开裂变形的行业通病。“巧夺天工”研发的木材干燥工艺已获得国家发明专利。

续表

项目	国家标准具体规定	“巧夺天工”企业标准具体体现
涂料工艺	《红木家具通用技术条件》（GB / T 28010—2011）中规定：表面涂饰可用石蜡、漆、蜡。	零甲醛（表面涂饰为天然、可食用蜂蜡）。
表面处理	《深色名贵硬木家具》（QB / T 2385）中规定：正视面（包括面板）涂层表面应平整、光滑，其他部位涂层表面应手感光滑，产品内部应保持清洁。	产品所有部位都与正视面的处理要求一样，做到“表里如一”。
有害物质限量	《室内装饰装修材料木家具中有害物质限量》（GB 18584—2001）中规定： 甲醛释放量≤1.5 mg / L; 可溶性铅≤90 mg / kg； 可溶性镉≤75 mg / kg； 可溶性铬≤60 mg / kg； 可溶性汞≤60 mg / kg。	VOC（挥发性有机化合物）释放量 < 0.2 mg / m³ ； 可溶性铅 < 2.5 mg / kg; 可溶性镉 < 0.5 mg / kg; 可溶性铬 < 2.5 mg / kg; 可溶性汞 < 0.005 mg / kg。
产品安全	《红木家具通用技术条件》（GB / T 28010—2011）中规定：木材胶黏剂应充分考虑其在使用中的安全性及材料中有害物质含量、挥发性有机物含量等，应符合相关的安全标准、质量标准。	榫卯结合处所用胶水为通过欧盟安全合格认证的专用胶水。

从以上检测数据可以看出，“巧夺天工”被评选为“企业标准‘领跑者’”实至名归，印证了“巧夺天工”在家具质量和环保方面的高标准。

第三章
“巧夺天工”的生产标准

第一节 家具器型

谈到红木家具的器型，人们自然而然地会想到雍容华贵的清式家具、清秀简约的明式家具，它们或高或矮、或简或繁，各具特色，让人沉迷其中。近几年，传统文化回归的热潮也掀起了一股红木家具品鉴风，红木家具爱好者不仅关注家具是不是真材实料，而且对家具的器型美感也有了更高的要求。

型为器之韵，器型是红木家具美感的最直接体现，也决定着红木家具的收藏价值。结构科学合理、比例协调匀称、用料恰到好处是精品红木家具对器型的基本要求。同时，每一个细节都要做到极致、经得起推敲。

器型不同于“款式”。款式说的是视觉的初级层面，看起来是简约还是繁复，是比较粗略的视觉感受。而器型更讲究的是细节，是深层次的视觉享受。

一、明式单线插肩小条案

明式单线插肩小条案

明式单线插肩小条案，原器为比利时侣明室旧藏，被收藏家伍嘉恩收录到《明式家具二十年经眼录》中。它符合艺术学中的极简设计理念，曾在巴黎、瑞士等地展出。

此器案面攒框镶板，冰盘沿上部平直，然后急速向内削成干净利落的斜面，并在尽端处转为细平面，与腿足相交。腿部插肩榫直接与面边相连，为确保牢固，几面四边用料厚重，但为了不显笨拙，凸显简约与娟秀，面下斜切，变薄，带有灵动之感。若四边只用薄料，则单薄无力，无牢固感。

冰盘沿细节图

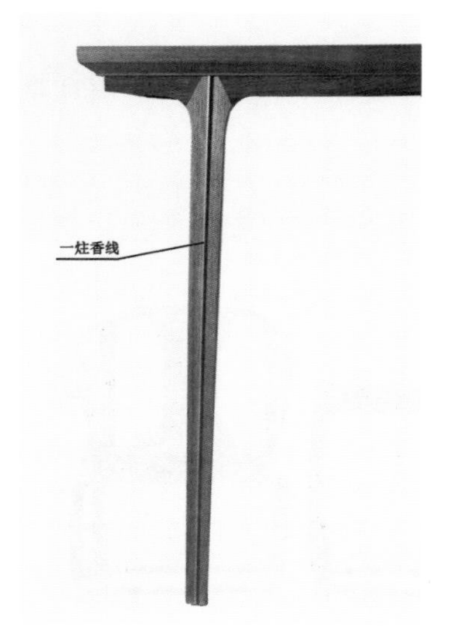

一炷香线细节图

案腿中部起一炷香线，铲底留单线，通直圆润，上下贯穿，毫无生硬阻塞之感。

腿部与牙条连接的弧度，圆和柔美，富有张力，大小适宜。弧度过大则慵散，过小则拘谨，只有对美学、力学都有很高的研究才能做到恰到好处。

此器插肩榫榫头呈剑形，直顶桌面，并与牙条相连，彼此制约，坚实牢固。一般做法是腿部榫头平直与面相连，但这样做缺少力度，牢固度较弱。

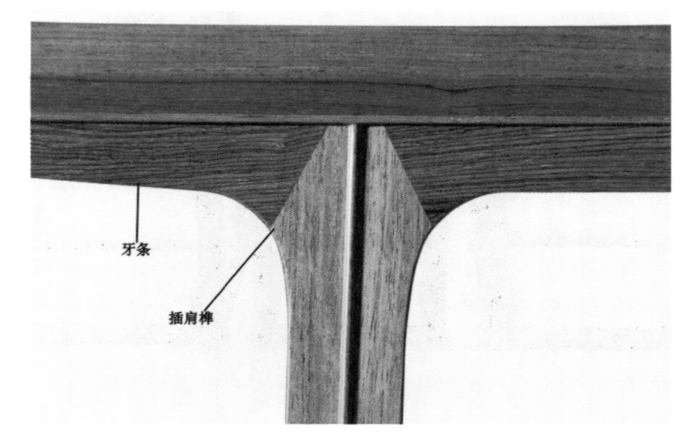

插肩榫细节图

此器设计空灵，风格简约，如文人铮铮铁骨，昂首不屈。

二、皇宫椅

精品皇宫椅和一般皇宫椅的各部件和装饰看起来差不多，但仔细欣赏便会发现二者有很多不同之处。

清紫檀有束腰带托泥圈椅（现存于北京故宫博物院）

按图谱制作的皇宫椅

器型不讲究的皇宫椅

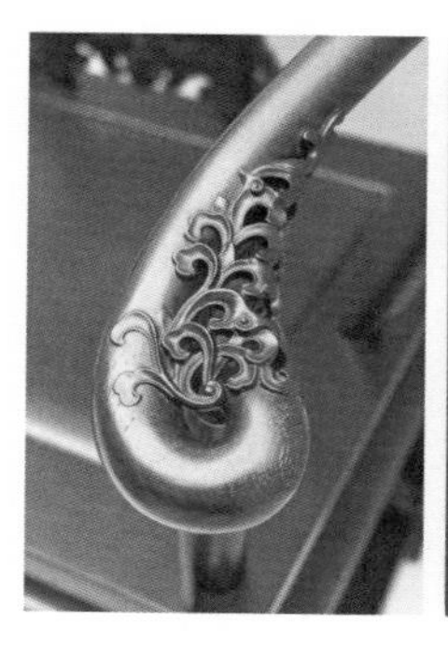

扶手镂空错层雕刻

扶手卷草纹稀疏、不灵动

（1）精品皇宫椅经典的五节圈讲究椅圈如满弓，具有张力，自上而下由粗到细，过渡自然。末端扶手处整料挖出，镂空错层雕刻，卷草纹的结构柔和细密。一般皇宫椅椅圈缺少张力，扶手处雕刻为上下通体的透雕，卷草纹稀疏，且仅在扶手正面雕刻而反面没有。

（2）精品皇宫椅的后背上部多余的料全部铲掉了，其镂空立体雕刻的卷草纹与平面镂空的卷草纹不同，雕刻的最高处与下面装板在一平面上。卷草纹自中部向四周扩散，中部高四周低，以圆形平滑的方式过渡下去，卷草的每个叶面，凹下去再翘边，留有单线，凸显叶之柔美。

镂空立体雕刻的卷草纹　平面镂空的卷草纹

（3）精品皇宫椅最下面的亮脚，锼出如意头并出尖，凹下去再翘边，尽显秀丽、饱满，且有立体感。一般皇宫椅的做法是上部卷草纹为平面透雕，下部用阳线单起如意头，整体感觉呆板、无灵性。

饱满立体的亮脚　　　　呆板的亮脚

（4）精品皇宫椅的座板落堂起鼓，四角做成弧形，手摸四边，弧度相同，光滑平顺。边框用料厚重，倒台阶式的冰盘沿，层层递减，造型优美。一般皇宫椅的座板为直角平装，单层冰盘沿，结构简单。

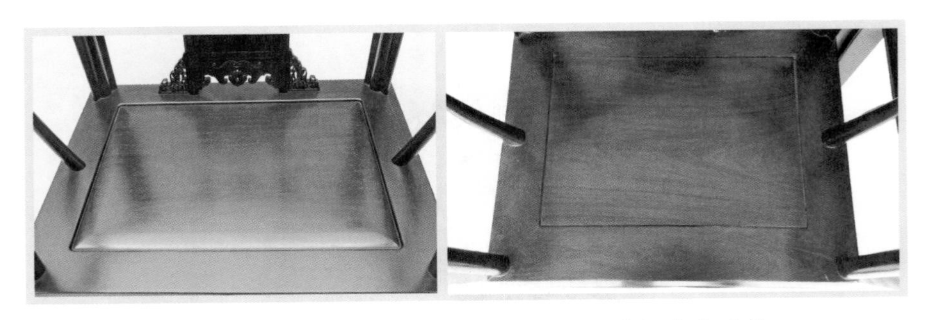

座板落堂起鼓，四角呈弧形　　　　座板直角平装

（5）精品皇宫椅腿部为“鼓腿彭牙”造型，自始至终顺畅自然，刚劲有力、精神十足，能撑起整个器身。一般皇宫椅的腿部弧度不够，平直生硬、缺乏张力，有萎靡不振之感。

腿部造型顺畅自然 腿部造型平直生硬

（6）精品皇宫椅的如意云头纹龟足富有变化和艺术性。一般皇宫椅的龟足都是垂直形状的，做工不讲究。

器型优美的龟足 一般器型的龟足

三、如何欣赏创新家具的器型

红木家具的器型体现在一些看似无关紧要的细节上。只有把每一个细节都做得恰到好处，才称得上是精品。

除了明清时期流传下来的经典器型，“红木人”也在不断地创新，创造出了很多适合现代人生活习惯和居住环境的家具。比如，沙发、现代床、餐桌椅等，这些家具既继承了明清古典家具的优点，保留了古代家具的优美造型和艺术风格，同时又根据时代变化进行了创新改良，具备了很好的实用性，备受消费者喜爱，成为居室中不可或缺的一部分。

现代餐厅系列

鉴赏经典器型，我们可以通过查阅相关书籍进行参照对比。而创新家具也是很有讲究的，我们可以从以下三个方面去鉴定。

1. 比例协调匀称

以沙发为例，各件家具之间的比例要做到主次分明。三人位的庄重大气之感要高于单人位的，三人位的后背也要高于单人位的，反之则会有喧宾夺主之感，让人倍感压抑。

“巧夺天工”的三人位沙发不但后背高，而且长度达到了 2.6 米（市场中多为 2.0 ~ 2.1 米），适合现代的客厅布局，能撑起整个空间，尽显庄重大气。

“巧夺天工”生产的三人位沙发

各部件之间的比例关系也要协调统一。如果沙发的“底盘”浑厚粗壮，上半部分却比较纤细，那么整体会有“头轻脚重”之感，毫无美感可言。沙发比例的协调与用料的大小也有关系，并不是用料越大越好，还要注重整体感。

2. 各部件造型优美、恰到好处

品过了“大感觉”再来品“小细节”，这些细节才是最值得推敲的。

以“三弯腿”造型为例，这是清式家具中常用的经典腿型之一，做好这一腿型的关键是看弯度。弯度要恰到好处，使腿足看起来蹬踏有力、支撑力强。如果弯度过小，支撑力就会不足；如果弯度太大，又会表现得过于夸张。

弯度适中的“三弯腿”造型

再如“鹦鹉嘴”造型，弧度和出尖也要做得适度，弧度过大显笨拙，过小则无神；出尖锋利显太凶，尖小则不刚。匠师们只有经过数次修改，才能把尺度拿捏得毫厘不差，使器物灵动传神。

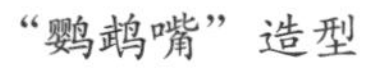

“鹦鹉嘴”造型

“巧夺天工”产品的很多部位都采用了明清家具中的经典造型，如沙发的“委角”和“鼓腿彭牙”造型等，使器型整体韵味十足。扶手、搭脑等部件，用料的大小也会关乎整体的优美。即使是这些小细节，我们的设计师也都要反复打样研究，直至最终成型。

“委角”和“鼓腿彭牙”造型

3. 舒适、实用

真正完美的家具器型是形式与舒适的完美结合。比如，大家熟知的经典皇宫椅，明清时期的皇宫椅后背板都是“C”形的，坐上去后背是架空的，没有支撑，坐久了会感觉很累。而“巧夺天工”的椅类产品的后背板全是“S”形的，与人体的脊柱曲线相吻合，后背可以自然贴着背板，使人全身放松，舒适自如。

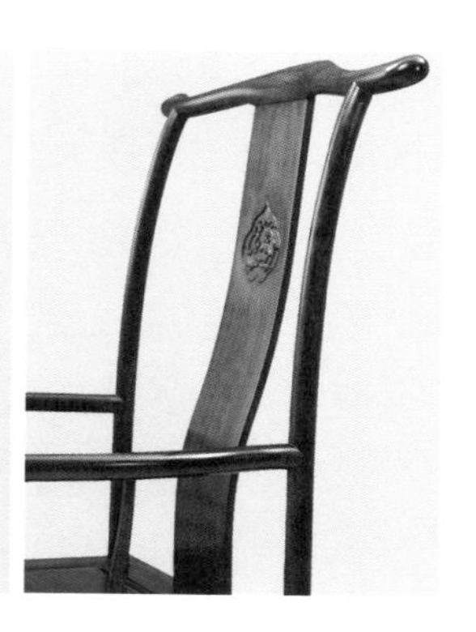

“S”型靠背椅

再以“巧夺天工”新设计的简明式扶手椅为例，前后腿为一木连做，“四腿八挓”，既增加了稳固性，又保证了舒适度。为解决管脚枨位置太低、离地近，不便于打扫卫生还容易碰脚的问题，匠师们特意把枨加高，并将横枨移到中间，这样一来，既不失美观又方便实用。

合意茶台配扶手椅

“巧夺天工”在器型研究上不惜花费时间和精力，每一款都倾注了设计师们的大量心血，力求达到完美。每一个新款，都要经历“出图—审核—修改—出样”四个步骤，有时甚至要修改若干次才能最后定型，也正是这样反复推敲，使“巧夺天工”的家具器型日趋成熟完美。

第二节
选材标准

红木家具的选材用料是门大学问，材质是否保真、用料是否精良，直接影响红木家具的品质和价格。

为什么市场上同种材质、相同款型的红木家具，它们的价格会有成倍的差别？为什么有的红木家具没用几年就出现了开裂、变形、生虫等问题？出现这些问题的主要原因就是选材有差别。

“巧夺天工”选材用料必须符合以下四点。

一、百分百保真

保真是消费者购买红木家具最基本的要求。鉴赏与收藏红木对消费者的专业水平要求很高，相似的木材又太多，让人眼花缭乱、难辨真假，以假乱真至今仍然是红木行业最大的问题。越是高端材质，掺假问题越严重。

如何避免买到假货？

首先，我们要了解什么是红木。深色硬质木材的种类有成百上千种，但真正属于红木的只有国家标准中记录的五属八类 29 种木材的心材。除此以外的木材都不能称为红木，市场上常见的非洲酸枝、非洲花梨、红檀、黑紫檀、血檀等都不是红木。

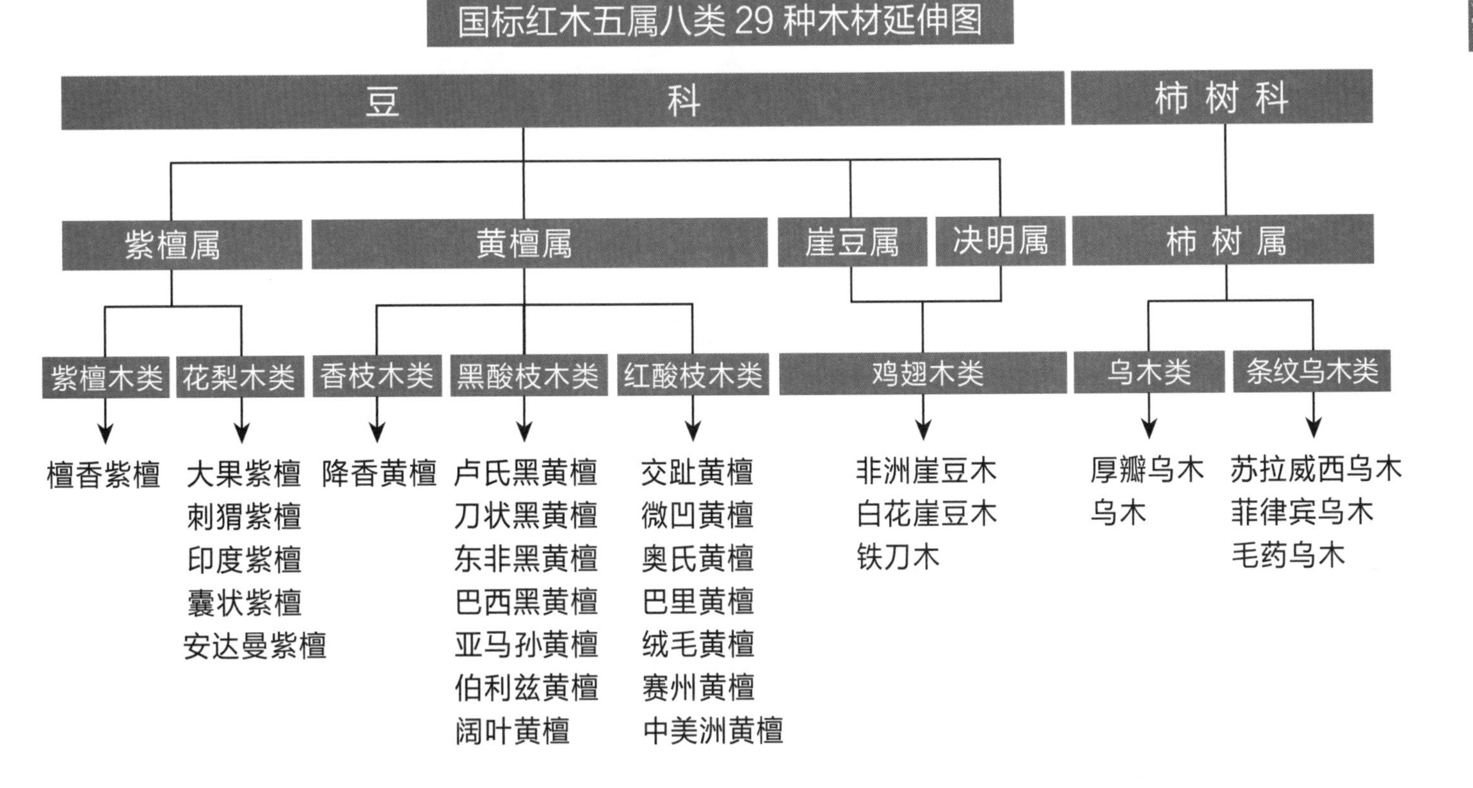

国标红木五属八类29种木材延伸图

其次，我们要了解常见的作假手段。一种是用相似的非红木木材冒充高端红木。比如，用约 2 万元每吨的非洲赞比亚血檀冒充超过 100 万元每吨的檀香紫檀。两者颜色、花纹的相似度让消费者难辨真假，但其油性、密度、韧性却相差甚远，用这两种木材制作出的家具价值更是天差地别。

赞比亚血檀（棕眼）　　檀香紫檀（棕眼）

难辨真假的赞比亚血檀和檀香紫檀对比图

还有一种作假情况是用国标《红木》中同属同类但不同种的木材代替。比如，用原材料价格差距很大的巴里黄檀冒充交趾黄檀，这让消费者也难辨真伪。

巴里黄檀

交趾黄檀

巴里黄檀和交趾黄檀对比图

受各种因素的影响，红木木材的鉴定只能到“类”，不能到“种”。例如，不论是巴里黄檀还是交趾黄檀，出具的鉴定报告都是“红酸枝木类”。消费者即使知道作假了，维权的官司也很难打。

所以在购买红木家具前，我们一定要深入学习红木知识，对木材的属类、颜色、纹理、特性等要有比较全面的了解，要有辨别木材真假的能力，要深入生产厂家，多走、多看、多了解。

二、精选大树主干料

即使在用材保真的前提下，红木家具也会因选料的标准不同，出现品质和价格的天壤之别。

树木有大树、小树之分。选材有主干、树杈之别。木材自身的稳定性是影响红木家具开裂变形的重要因素之一。

精品红木家具必须选用生长年限长的大树主干料，这是最好的家具用材。树龄越长、直径越大的木材，其密度和油性越大，木材稳定性也更好，做成家具不易开裂变形，品质有保障，而且这种料的心材颜色更深，做出的家具品相更好。而正值生长期的小树或者大树的树梢、枝杈，含有大量的活性细胞，其颜色浅、油性小，木性不稳定，做成家具易开裂变形。此外，这样的料白皮所占比重在60%，甚至更多，若只取心材做家具，出材率很低，所以用这种料做家具会不可避免地用上大量的白皮。

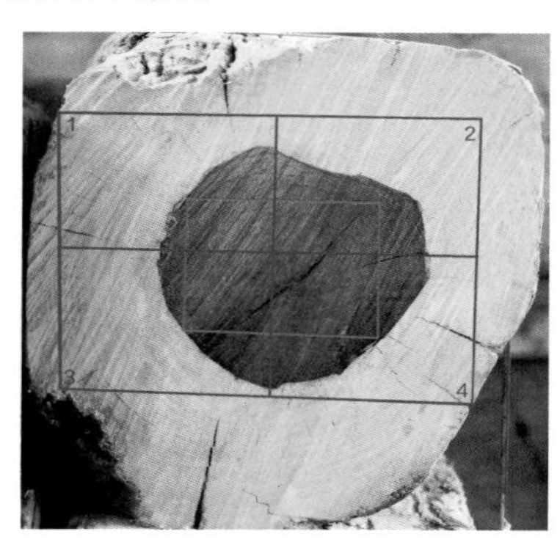

奥氏黄檀小树料，只选用心材仅出一条腿料，带白皮使用可出四条腿料

奥氏黄檀小树料，颜色发黄，白皮占比大，出材率低

奥氏黄檀大树主干料，颜色深，白皮少

两种料之间稳定性的差别，就好比是年轻人的桀骜不驯和成年人的成熟稳重，这是无法通过后期技术手段改变的，要想从根本上保证红木家具的质量，就必须选用大树主干料。

两者的原木价格差距也很大。以交趾黄檀为例，直径 30 cm 左右，长 2 m 的大树主干料每吨 30 万 ~ 40 万元；小树料每吨 20 万元左右；像拳头粗细的枝杈料每吨 10 多万元。

交趾黄檀树杈料

交趾黄檀树杈料

交趾黄檀小树主干料

交趾黄檀大树主干料

交趾黄檀拆房老料

为了保证产品品质，“巧夺天工”全部选用大树主干料，即使是家具的零部件也都是从大料上裁出的。这种做法的生产成本很高，在当今红木家具行业是难能可贵的。

大树主干料

三、“零白皮”

木材由树皮、边材和心材组成。边材被称为“白边”或“白皮”，是心材与树皮之间的部分，负责为树木生长提供养分。白皮含有大量的糖分及活性细胞，易生虫腐烂；与心材相比，其颜色浅、密度低、品质差，按照《红木》国家标准规定，白皮不属于红木。传承百年的精品红木家具是绝对不能使用白皮的，只能全部选用心材。心材颜色深、密度大、油性大，千年不腐。

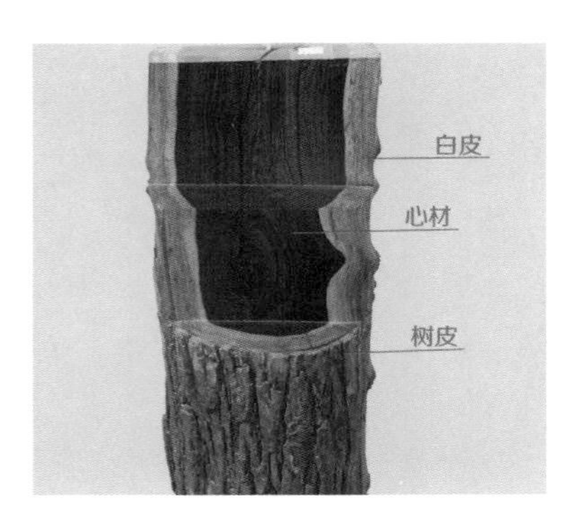

木材结构图

然而，白皮和心材都是按吨计量，以同等价格采购回来的，裁料时如果木材取直使用，那么去掉白皮的同时会带走部分心材，使成本大幅增加。据统计，在家具生产过程中如果使用10%的白皮，那么原材料的成本会降低30%左右。这仅仅是使用了10%的白皮，如果用得更多，那么成本降幅会更大。

“零白皮”取材使用

带白皮取材使用

《深色名贵硬木家具》（QB / T 2385—2008）中规定：“产品正视面的用材应无边材，其色差、纹理应基本一致或相似；其他部位零部件表面边材宽度应不超过该零部件表面最宽处的十分之一（宽度小于8 mm的边材不计）、长度不超过零件长度的二分之一。”但白皮的实际用量是很难控制和检测的，这就成了一些厂家大量使用白皮的托词。有的厂家使用白皮的占比甚至超过了30%，他们通过染色或画木纹的手段进行掩盖，冒充心材，为的就是降低成本。

四、不拼不补

红木木材都要经过数百年的生长才能成材，在生长过程中难免会出现空心和开裂问题。如果把这些空心、开裂部分去掉不用，那么就会“大材小用”，出材率会大大降低。

带有空心和裂缝的原木

以一块宽为 30 cm 的木板为例，如果把中间的裂缝、空洞去掉，便只剩下两块宽为 10 cm 左右的窄料，就只能将它们用作家具上的边框或枨子，这样做不仅扔掉了三分之一的原料，还将“大材”变成了“小料”。而用锯末、木块填补后，它们就可以用作大的面板，从而大大降低成本。

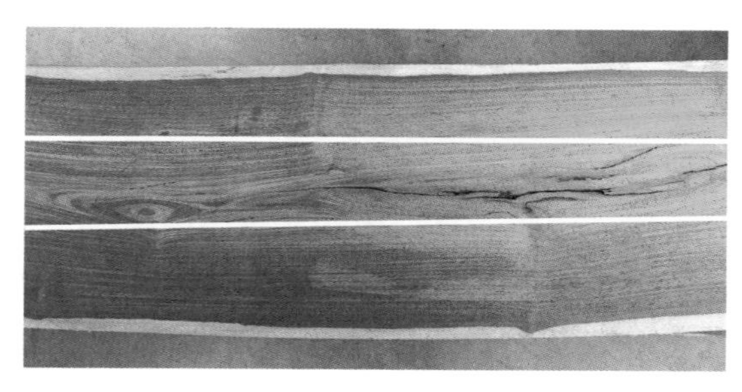

带有裂缝的原木板

有些厂家为了降低成本，专门采购价位低的树梢、树杈等小料。他们将这些小料拼接成大料，再进行修饰处理。这些被处理过的木材被制作成家具后，外行人很难发现其中的蹊跷。这些拼接、修补过的地方在短时间内就会开裂、脱落，会使家具品质大打折扣。消费者一旦把这样的家具买回家，问题就会逐渐暴露，麻烦不断。

“巧夺天工”所有产品零部件的用料全部为整料挖取。木材无拼补，所有生产车间全部对外开放，客户可以随时参观考察每一道生产工序。

床腿整木取料

“巧夺天工”定位做精品，在百分百保真的基础上，精选大树主干料，坚持“零白皮”，不拼不补。除了我国广西、云南，公司还在老挝、印度等地专设采购员，长期驻当地市场考察，不怕花钱、不怕费工，只采购符合“巧夺天工”标准的原木材，这为制作精品红木家具奠定了坚实的基础。

第三节 干燥工艺

在购买红木家具时，消费者最担心的问题之一就是家具开裂变形，特别是到了冬、春两季，天气干燥导致柜门翘曲变形、面板撕裂透光、榫卯松动散架等各种状况频出。这样的家具直接影响使用，更不用谈传承、收藏了，真是弃之可惜，用着闹心，令人烦恼不已。

红木家具易开裂变形是困扰行业的一大难题，究其原因，是干燥工艺没有做好。红木生长在热带雨林地区，含有大量的水分，且木材硬度高、密度大、油性大，属于难干材，对干燥工艺的要求很高。

“巧夺天工”根据木材的特性及各地气候差异，历时 8 年，发明出一套独特的干燥工艺。这套干燥工艺使木材干燥更加均匀、稳定，并科学有效地把木材含水率控制在 7% ~ 10%，使其适应北方气候，从根本上解决了家具易开裂变形的行业通病。同时，此套干燥工艺技术也获得了国家发明专利。

“巧夺天工”采用的是蒸汽式干燥原理，通过蒸汽循环，使木材内外受热均匀，让水分从里往外均衡蒸发，这样木材就不会因为急剧的冷热交替而开裂受损。同时，高温饱和水蒸气能杀死木材中的虫卵、细菌和微生物，打通导管，使树胶和杂质变得活跃，易于排出，还能消除木材的张应力，使木材性能更加稳定、环保。

整个干燥过程非常烦琐复杂，分为升温、预热、干燥、终了处理和冷却五个阶段，每个阶段都有严格的操作规程。“巧夺天工”引进具有国际先进水平的全自动干燥设备，整个烘干过程由电脑全自动控制，解决了人工操作易出现误差的问题，让整个干燥过程更加科学精准。

全自动蒸汽干燥设备，每次可烘干木材1580 m^3

全自动蒸汽干燥窑

（1）升温阶段：木材进窑后，在开始干燥之前，先使窑内温度升高到 32℃ ~ 37℃，并持续 0.5 ~ 1 小时，使窑内设备、窑内壁及木材表面同时受热，以免在高温处理时在这些固体表面产生冷凝水。

（2）预热阶段：预热处理的目的是对木材进行加热，提高木材心层的温度，以便进入干燥阶段后，加速木材内部水分向表层移动，消除木材表面的张应力，使木材表层毛细管舒张，从而提高水分的传导性。预热阶段的干燥温度要根据材质、板材厚度、最初含水率等进行精准调控。

（3）干燥阶段：干燥阶段分为前期、后期两个阶段。前期木材中的自由水向其表面移动并蒸发，此时水分的蒸发速度基本是匀速进行的。自由水蒸发完毕进入后期干燥，吸着水开始蒸发。随着吸着水的不断减少，水分蒸发所需要的能量越来越多，含水率的下降速度开始减慢，进入减速阶段。在这个过程中要进行调湿处理，使木材表面被充分滋润并提高其可塑性，消除表层张应力，解除表面硬化。

（4）终了处理阶段：使已达到含水率要求的木材不再干燥，未达到要求的部分木材继续干燥，以提高整个材堆的干燥均匀度。

（5）冷却阶段：干燥结束后，窑内木材的温度仍很高，不能立即出窑，以防木材由于骤冷而开裂，需要等木材温度降到与外界温度一致时再出窑。

干燥后的木材不能立即使用，需在自然环境中静放一个月，让木材中的水分与自然环境中空气的含水率相平衡，使木材更加稳定。

整个干燥过程需要 2 个多月的时间，并且必须严格遵循操作规程，只有确保干燥中的木材堆砌到位、参数输入准确、时间控制合理，才能有效控制木材的张应力，让做出的家具传承百年而不衰。

第四节
配料工艺

精品红木家具不只是一件冷冰冰的家居用品，更是一件艺术品。在保证家具质量与稳定性的基础上，还要做到家具纹理、色泽及整体视觉上的美观，这就需要对木材进行科学合理的搭配，把木材的天然之美发挥得淋漓尽致。

一、“巧夺天工”配料遵循的标准

1. 顺应木性，合理使用

每一块木头都是有生命的，且各有各的“脾气”，每块木料的收缩率、受力度、变形扭曲力等也是有区别的，我们统称为“木性”。在配料时首先要了解木材特性，顺应木材的木性才能做到合理搭配。比如，大料和花纹顺直的木料，它们的木性相对较小，柜类家具的边框、柜门等选材就必须选用这种花纹顺直的大料，才不易翘曲变形。如果选择花纹扭曲的料，就容易出现问题。所以，要想保证品质，就必须顺应木材的木性，合理使用。

2. 科学搭配，“一木多开”

“一木多开”指家具零部件的料由同一根料裁切而成，这样能做到花纹、颜色统一，提升家具的欣赏价值；而且同一根料的木性一致，遇到湿度变化时会同伸同缩，做成家具不容易开裂变形。

面板“一木三开”

科学的拼板是同一块板由同一棵树的同一部位裁切、拼接而成。例如，下图的茶几面板为“一木四开”，对称拼接，像两对蝴蝶的翅膀，振翅欲飞。其外部的边框同样为“一木而开”，纹理顺直，相互围合成一个“画框”，用来展现纹理如画般优美的心板。

仅是一个桌面，就足以给人主次分明、曲直有度、深浅呼应、无比丰富的视觉感受，让人百看不厌。

“一木四开”茶几面板

3. 花纹、颜色整体搭配，协调美观

每棵树都是一个生命个体，即使是同一棵树，因为朝向、接受光照的程度不同，其色泽、纹理也不尽相同。配料师傅要根据纹理走向、颜色深浅等进行整体搭配，做到浑然天成、自然美观，不能有明显的颜色或花纹差异。

“巧夺天工”的整体搭配原则是同一套家具的同一部位的选材来自同一棵树，且不同部位之间搭配同一类型的花纹。以一套沙发为例，所有的后背板全部取自于同一棵树的料，并且如果后背板的花纹是顺直的，那么其他部位也要选择顺直的花纹与之呼应，保证其整体的协调美观性。

沙发搭脑配件

沙发座板

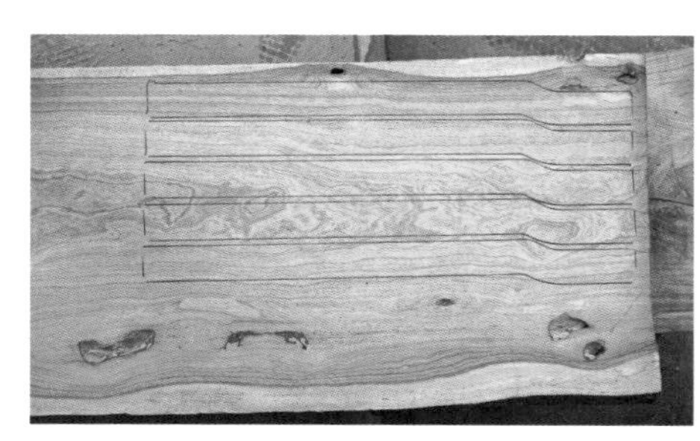

沙发扶手“一木而开”

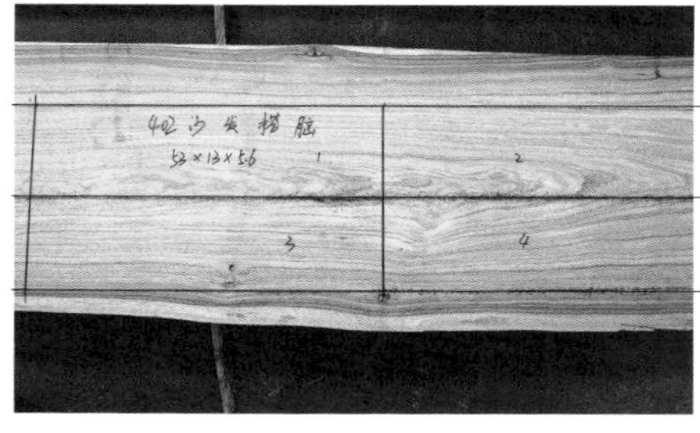

沙发搭脑“一木而开”，其颜色、纹理与扶手相似

“巧夺天工”严格的配料标准，使其家具更具欣赏价值和艺术价值，但为此付出的成本也很高。每套家具都有上百个零部件，每一个零部件都需要精心挑选、搭配，与随意搭配相比，两者之间的时间成本差距之大，不能用“几倍”来估算；用料也会造成很大的浪费。比如，茶几面板总宽度是 90 cm，现有“一木而开”的 3 块板，总宽为 85 cm，这时不能随便搭配一块宽为 5 cm 的窄板，只能用“一木而开”总宽度大于 90 cm 的板材对称裁掉一部分使用。

由3块料拼接成总宽为85 cm的板，不能随便搭配小块料凑成宽为90 cm的板

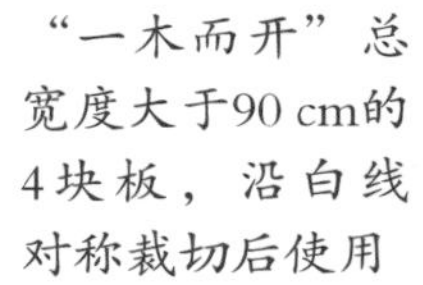

“一木而开”总宽度大于90 cm的4块板，沿白线对称裁切后使用

二、做好配料工序必须具备的条件

1. 必须选用大树主干料

要做到“一木多开”，原料必须足够大，必须选用大树主干料，像十件套沙发的10个扶手及5个搭脑都是“一木而开”，小树及树梢、树杈等小料，其直径小，无法做到“一木多开”。

解板之前，木材的用途已明确

2. 批量生产，原木量多

合理配料的前提是料足，如果一次只做一件或几件家具就无法做到合理搭配。“巧夺天工”采用流水线批量生产模式，每批次做几百套家具，使用的木材量大，能把最合适的材料用在最合适的位置。

配料车间

3. 严格管理

原木解板时，所有的配料都要标号分类。一次制作上百套家具，成千上万个零部件在解板、烘干、配料、刨料、砂光、机械加工时需要一直保留标号直至组装完成，中间的所有工序不能出现任何差错。

配料标号

成千上万的零部件

4. 工人综合技术水平高

配料师傅要有很高的综合技术水平，他们不仅要对每件家具的整体框架了如指掌、对木材特性充分把握，还要有较高的审美能力，通过合理地搭配，使家具更具艺术性。

工人师傅在配料

绚烂多彩的红木花纹是大自然的鬼斧神工。“巧夺天工”的工匠们顺应自然，尊重每一种木材的天然形态，尊重每一个浑然天成的木纹“表情”，努力把每一件家具都做成艺术品。

第五节
榫卯工艺

榫卯结构又称“千年牢”，是红木家具的灵魂，是整个家具结构的支撑。红木家具之所以能够牢固耐用、传承百年，正是因为其独特的榫卯工艺。如果榫卯结构做得不好，那么家具用不了多长时间就会松动散架。可以说，榫卯工艺的好坏直接决定了红木家具的使用寿命。

“巧夺天工”的榫卯工艺具备以下三个特点。

一、结构科学合理

家具的结构部件有很多，不同部位要用到不同的榫卯结构，只有将各部位的榫卯结构都做得科学合理，才能使制作出来的家具牢固耐用。

（1）楔钉榫：楔钉榫多用于圈椅椅圈的连接部位，它的内部是两个阶梯状的直榫，结合后中间会形成一个方孔，然后从中间再加一个楔钉贯穿锁住，能起到“一木定乾坤”的作用。扣合后的楔钉榫，无论我们从哪个方向用力拉扯，它都纹丝不动，非常牢固。

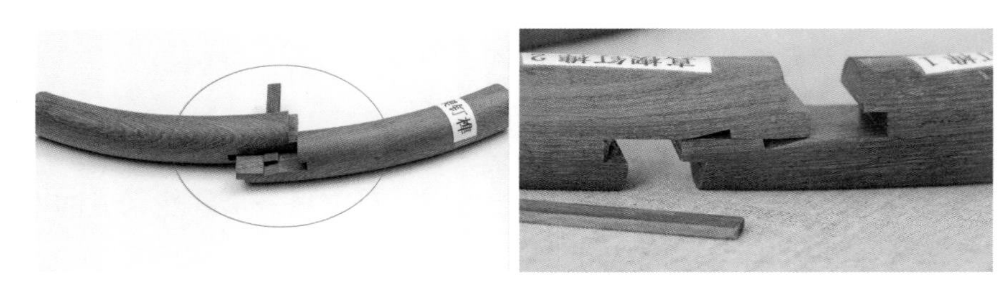

标准楔钉榫

市场上有些楔钉榫制作简单，仅用两个木销连接，根本算不上真正的榫卯工艺，这种假楔钉榫很容易松动、断裂。

仅用木销连接的假楔钉榫

（2）燕尾榫：燕尾榫多用于抽屉帮与抽屉门的连接，其形状为梯形，因像燕子的尾巴而得名。不合格的燕尾榫形状是矩形而不是梯形，频繁地抽拉就会使其松动散开。

真假燕尾榫对比图

合格的抽屉的连接处燕尾榫数量多，受力面积大，更牢固。如果连接处燕尾榫数量少，受力面积就小，就会不牢固。

燕尾榫多的抽屉

燕尾榫少的抽屉

（3）龙凤榫：龙凤榫多用于面板连接处，类似地板锁扣，使相邻的面板结合牢固。有些产品没有榫卯结构，而是直接用胶水粘起来，时间一长，面板就会裂开。

类似地板锁扣的龙凤榫

没有榫卯结构，直接用胶水粘起来的面板

（4）穿带榫：穿带榫一般用于穿带与面板的连接，其作用一是承重，二是牵拉面板防止变形。工匠一般需要在面板底部开深度为 4 mm 的燕尾槽，只有面板达到一定厚度，才能开出合格的燕尾槽，进而起到相应的作用，如果面板太薄就无法开槽。有些厂家直接用胶水把穿带粘上或用钉子钉住，这样做只是一种形式，起不到任何作用。

穿带＋燕尾槽

穿带的宽度、厚度和密集度也很关键，要根据面板的大小确定穿带的数量及规格。如下图所示的三人位沙发的底面，穿带分布均匀且数量多，这样的家具更牢固。

三人位沙发的底面

二、三分之二榫

榫头的长度要达到结合部件的三分之二，这样才能最大限度地增加受力面积，使其结实牢固。如果为了省料把榫头做短，那么将会严重影响家具的质量。

抱肩榫：抱肩榫常用于家具腿部与牙条的连接，是比较重要的承重结构，必须按照三分之二榫的标准制作。比如，腿部木料的宽度如果是 6 cm，那么牙条上的榫头要达到 4 cm，这样牙条在受重下压时，才会与腿部的斜肩咬合更紧密，而且榫头要从牙条上整料开出来，这样结合才牢固。

标准的三分之二抱肩榫

榫头的长度必须达到标准，才能起到相应的作用。由于榫卯结构存在隐蔽性，在产品组装完成后，仅从产品外观无法辨别其优劣。

假设一根腿料长 16 cm，加上 4 cm 长的榫头，则至少需要长为 20 cm 的料才能开出来。若榫头做短 2 cm，用长为 18 cm 的料就行。仅一根腿就省了十分之一的料。如果不做榫头，用木销固定，成本就会降低 20%。一套家具有很多榫卯结构，如果把每个榫头都做短，那么就能大大降低生产成本。这也是不同厂家的产品价格相差大的原因之一。

家具腿部的榫卯结构由整料开出

靠木销连接的家具腿部

三、松紧适度

榫卯结构如果做得太松，则要用胶粘，时间久了会松动散架；做得太紧会把卯眼撑裂。《深色名贵硬木家具》（QB / T 2385—2008）中规定，榫卯结合最大缝隙应≤ 0.2 mm，而“巧夺天工”的标准是榫卯结合最大缝隙< 0.05 mm。

市场上的劣质榫卯结构

“巧夺天工”的生产车间全部采用国际先进的数控榫槽设备，严格执行公司标准，使榫卯结构更科学、更牢固，极大地提升了红木家具的内在品质，使产品经久耐用，可传承百年。

第六节 雕刻工艺

雕刻是中国的传统技艺，工匠们以高超的技法，利用运刀的转折、顿挫、凹凸、起伏，成就一件件精美的艺术品。红木家具上的雕刻艺术更是耐人寻味，它让每件家具熠熠生辉，充满生命力。

一、如何分辨红木家具雕工的优劣

1. 看构图

画面比例和布局要协调，符合“黄金分割”的美学定律，这样的设计才让人观感舒适。以下图中沙发后背板上的花鸟雕刻为例，它的整体布局疏密得当，其中的花鸟、枝丫错落有致，大片的留白凸显出整幅画作的精致。若花鸟过多或留白太少，则有拥堵之感，让人心生烦闷。画面中的花鸟比例大小合适，树枝的弧度恰好体现了鸟的重量，使之跃然纸上，活灵活现。若花鸟过大，则缺失了灵性，呆滞不堪。

沙发后背板上的花鸟雕刻

2. 看“点、线、面”

细微之处方能体现真功夫。下图中雕刻细致的鸟，其嘴巴弯而尖，小脑袋上嵌着一双机灵、调皮的黑眼睛，尖利的爪子紧握树干，随时准备远行。雕刻细致的片片花瓣层层叠叠地慢慢舒展开来，花蕊、叶脉清晰分明，一幅生动的花鸟图展现在眼前。若细节做得不到位，就只能看到其形，无法体会其意境。

沙发后背板上的小鸟、花瓣、叶片，雕刻细致

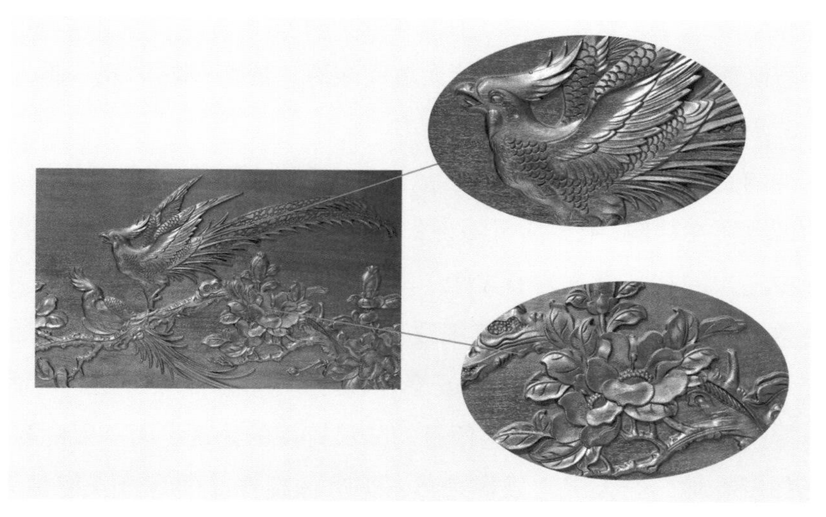

雕刻粗略的产品

家具的线条要均匀流畅，既要表现出阳刚之美，还要如细丝般柔韧。例如，每个横截面上的阳线的形状应该大小一致，这样才富有美感，从侧面看弧度也应饱满、匀称。下图中抽屉四周的阳线，横平竖直、刚劲有力、圆滑顺畅。若线条呆板生硬、粗细不均，则为败笔之作。

品字栏书架细节图

面，即雕刻底面，必须做到光滑平整，触摸无凹凸不平之感；底面与雕刻的根脚处也要做到干净利落，且交际线清晰，不粗糙。只有将根脚处理干净，整幅画面才有立体感，才能显现生机盎然之趣。反之，若画面与底板不分，就会给人沉闷之感，成为一幅“死”画。

3. 看神韵

神韵是判断一件家具是否具有艺术性和收藏价值的重要依据。雕工的极致便在神韵，唯有活灵活现，才能使一件家具富有生命力。例如，下图中左边的孔雀傲立岩石之上，顾盼神飞，眼睛炯炯有神，羽毛层层叠叠、根根分明，做到了极其细致真实的还原。右边的孔雀回首凝望，满含崇拜、依恋之情，呈现一幅安泰祥和之景。精美的雕刻会“说话”，能直接表达出作品的内涵，这便是韵味最直接的体现。而一般的雕刻，有形却没有神，给人沉寂呆板之感，无法体现作品的意蕴，便是无神之作。

极具神韵的孔雀雕刻图

机器雕刻的孔雀图

二、“巧夺天工”红木家具雕刻工艺流程

“巧夺天工”将电脑雕刻、手工雕刻完美结合，各取其优势。在“巧夺天工”完成一件艺术作品需要经过以下四步。

1. 构图

红木家具的雕刻纹饰都是出自名人名家之手，可谓“有图必有意，有意必吉祥”，要根据家具款式配以合适的图案，让每件作品都有自己的主题思想。设计师要依据经典图案，进行手工绘图，并不断进行修改，达到最佳效果后才可以用于家具雕刻。

手工绘图

2. 电脑雕刻

电脑雕刻主要用于清底和做大体轮廓，电脑做出的底面平整度高、线条规矩，轮廓比例更协调，这是纯手工无论如何也做不到的。但电脑雕刻完成后，仍会有很多刀痕和毛刺，立体感不强，加之细节处理不到位，必须再进行手工处理。

电脑雕刻

3. 手工清底

手工清底

清底是把电脑雕刻完成后的刀痕刮平，把雕刻根脚清理干净，这些若处理不好，则底面模糊，给人感觉不利落，会直接影响整幅图案的效果。“巧夺天工”细化分工，专设清底工序，严格执行标准，使整个画面更具立体感。

4. 手工雕刻

清底完成后，再进行细致的手工雕刻，进一步凸显神韵，这是电脑雕刻难以实现的。比如小鸟的羽毛，雕刻师采用手工雕刻中的最高技艺——“丝翎檀雕”，将工笔国画与传统木雕技艺相结合，用不足0.5 mm的刻刀，以刀代笔，以木为纸，做到细而不断、丝而不乱，使雕刻出的小鸟羽毛更有蓬松感、层次感，活灵活现，更加逼真。

“丝翎檀雕”工艺

手工雕刻对雕刻师的要求非常高，他们不仅要有高超的技艺和绘画功底，还要有深厚的文化底蕴和丰富的阅历，要对雕刻图案有自己的理解，要把感情融入其中，这样做出的产品才形神兼备，犹如注入了生命。不明雕刻艺术真意的人，在用刀时不是以刀代笔，而是描画做作，刀法死板匠气，刻不出灵气。另外，雕刻师的年龄不能太大，也不能太小。年龄太大，眼花手抖做不好；年龄太小，缺乏生活阅历，则做不精。

“巧夺天工”根据每位雕刻师的专长，将手工雕刻细化分工。擅长雕刻花鸟的雕刻师专刻花鸟；擅长雕刻山水的雕刻师专刻山水。他们通过协作，把各自的优点汇集到同一件家具上，这样做出的产品更精细、更富神韵。

手工雕刻及雕刻车间

只有好的雕刻师才能雕刻出兼具构图美、细节精、韵味足的作品，才能真正体现红木家具的艺术价值。家具通过雕刻图案静静地诉说着自己的故事，传递着人们对美好生活的向往。使用者也通过不同的雕刻图案抒发情感，借物明志，正所谓“木养人，人养木”，日久天长，可达到“天人合一、物我两忘”的境界。

第七节 组装工序

组装是把家具所有零部件组装成型的过程，是对红木家具榫卯结构的直观演绎，也是决定红木家具整体质量的重要一步。

我们以一组红木沙发为例，介绍一下组装红木沙发的过程。

一、准备工作

根据图纸，准备需要组装的零部件，检查各部件的榫卯大小是否合适、是否严密、是否有歪斜或翘角等情况。若发现不合格部件，则需要及时调整或更换。为使产品协调美观、颜色一致，需要对面板、面框、束腰、外框等各部件材料进行检查，严格按照配料时所标注的编号进行分类，确定好各部件的正反面顺序，做到布置准确。

二、部件组装

按照沙发的结构装配图，根据各榫卯结构的不同，分别进行安装，使加工好的零部件组合成为一个相对独立的结构部件单元。比如，底座、扶手、搭脑等分别组装，同时用定型钢卡固定，确保每个部位的榫卯都严丝合缝。

组装部件

组装时，切忌猛敲部件，需要对准接口，把握好角度，用皮锤将榫头缓缓敲入卯眼，确保每个接口部位不留任何缝隙。

沙发底座的组装

面板的组装非常重要，这一环节对工人技术要求很高，工人要检查穿带与面板连接是否松紧适度，太松容易有响声，太紧则面板伸缩不动，容易开裂。由此可见，细微的误差对家具的质量都会产生很大的影响。

三、整体组装

按照顺序把组装好的结构部件单元摆好，从下到上逐一组装。先将底座与面板扣合，再组装扶手、后背，这样一件沙发就组装完成了。组装过程需要在水平、干净的场地进行，以防因地面不平、家具腿足受力不均匀而导致家具变形。

整体组装

四、检查、过平

家具组装完成后，要进行细致的检查，并在玻璃板上过平。

家具在玻璃板上过平

组装好的家具必须达到以下三个标准：

（1）横平竖直；

（2）榫卯结合严丝合缝，对角缝平整光滑；

（3）家具门缝大小均匀一致、上下呈一条直线，如衣柜、书柜门缝等。

组装工序对工人师傅的要求非常高，他们需要具备以下两个条件。

（1）有扎实的木工基础。组装工人需要有扎实的基本功和丰富的实践经验，要对家具结构了如指掌。

（2）责任心强，仔细认真。组装工序是对前几道工序的综合检验。榫卯结构等质量问题在组装成型后是很难发现的。所以，组装工人在组装过程中必须仔细认真，发现问题要及时上报处理，绝不包庇。

为此，“巧夺天工”制定了严格的选拔标准，要求组装工人必须是入职一年以上的员工。公司对他们的技术、人品有充分的考量后才会任用。加上后期严格的管理，确保每一位组装工人都严格按照标准进行组装，组装成型的家具浑然一体、牢固耐用。

第八节
二次干燥工序

提起干燥工艺，大多数人只知道家具成型前的板材干燥工序，对半成品家具的干燥工序却知之甚少。红木家具的生产周期长，在生产过程中容易返潮，特别是在夏季。二次干燥工序的主要作用就是把家具表面吸收的水分蒸发出来，使家具质量得到双重保障。

“巧夺天工”的二次干燥工序是根据北方的气候特点，将组装好的半成品家具放置在恒温 35℃的干燥室内，经过一个多月的时间，把木材含水率控制在 7% ~ 10%，以适应北方气候。同时，干燥室模拟了北方冬季家庭供暖时的状态，确保家具在顾客家中不会出现开裂变形问题。

二次干燥的重要性不言而喻，但有些厂家并没有这道工序。一是因为干燥设备造价昂贵，有的厂家不舍得花钱，二是因为进行二次干燥会使生产周期至少延长一个月，会额外增加生产成本。

“一次干燥（木材干燥）+ 二次干燥（半成品干燥）”这种双管齐下的干燥方式，虽然增加了生产成本，但解决了红木家具易开裂变形的问题，保证了产品质量。

二次干燥室

第九节
刮磨、打磨工艺

刮磨工艺是红木家具表面细致处理的开始，是整个生产过程中最耗时费力的纯手工工艺，需要用若干不同型号的刮刀、砂纸对家具进行处理。刮磨的好坏将直接影响家具的质感。

刮磨车间

刮磨时，先用湿润的棉纱将家具擦湿，防止刮磨过程中出现波浪纹、毛刺等现象，再用刮刀进行刮磨。整个过程采用水流找平法判断表面是否平整，水痕残留的位置相对低，家具便需要再次刮磨，循环往复，直到没有水痕、表面平整为止。

刮磨的标准要求非常高，家具要达到每一个部位光滑平整、无波浪感；每一根线条要圆润、饱满、流畅；每一处根脚（花纹与底面的交界处）要层次清晰、干净。以花板为例，雕刻镂空的地方较多，细线条及圆弧也很多，需要用不同型号的刮刀，顺着雕刻图案慢慢地刮，圆弧处要顺圆去刮，不能碰到边线，否则线条损坏，整件家具便成为废品。刮磨工序要求工人师傅不仅要有娴熟的技艺，运刀精准熟练，还要严谨仔细，刮磨时的力度要拿捏得恰到好处。

圆弧刮磨

另外，刮磨要求“表里如一”，需要做到底面和表面一样光滑平整。但底面的刮磨难度要远高于表面，因为家具底部有很多木枨、边角，刮磨时更加费时费力。例如，一套沙发的刮磨工序，一个人单独完成需要 20 多天。市场上有些产品只处理表面，以求节省三分之二的时间，便于降低成本。

通过刮磨做到“表里如一”

为了使家具表面处理得更细腻，在刮磨完成后，工人师傅要进入精细打磨阶段，对每一件产品、每一处雕花、每一条洼线都精细打磨。所用砂纸从 180 目、240 目、320 目到 3000 目、5000 目等，由粗到细顺着木纹逐次进行打磨，一遍都不能少，直到打平、无砂痕，根角清晰、线条流畅为止。使用的砂纸越细，打磨难度就越高，打磨雕刻平面、透雕处更是费时费力，一个人打磨完成一件单人沙发至少需要 2 天时间。

“巧夺天工”的家具表面采用打蜡处理工艺。表面越细腻越有利于蜂蜡的渗透、滋润，所以对刮磨、打磨工序要求更高，并且内外同工，正反里外都执行同样的标准，将产品做到无可挑剔。

精细打磨

第十节 打蜡工艺

打蜡工艺从明清时期就备受宫廷匠师们的推崇，是一种天然环保的红木家具表面处理工艺。

蜂蜡是蜜蜂蜡腺分泌出来的脂肪性物质，其所含的软脂酸蜂花酯对木材纤维有紧固作用，芳香性有色物质虫蜡素和挥发油对木材有养护作用。蜂蜡无任何添加剂，不仅环保健康、零甲醛，还能展现木材天然的颜色、清晰的纹理，日久后，经过空气氧化、人手抚摸，在家具表面形成一层天然保护膜——包浆，使家具色泽更加透亮，抚摸时有温润如玉之感，并且通过把玩，人们能感受到家具产生的变化，达到“心物合一，心物交融”的境界。

但现在很多厂家打蜡时使用石蜡或合成蜡等，失去了天然、环保的意义。石蜡是从石油、页岩油或其他沥青矿物油的某些馏出物中提取的，是一种石油加工产品，合成蜡是利用石蜡、微晶蜡、聚烯烃等化学原料加工而成的一种石油化工产品，不环保，且对木质纤维有腐蚀性。

“巧夺天工”的家具表面处理采用传统打蜡工艺，专门从蜂厂采购可食用的天然蜂蜡。这种蜂蜡无任何添加剂，环保健康，经过加热、过滤、冷却等复杂的工序方可使用。打蜡工艺需要很高的技巧。工人将适量的蜂蜡涂抹在棉纱上，顺着家具的纹理快速、有力地擦拭，不能斜擦，以免蜂蜡涂饰不均匀。整个过程不但要把握好力度，还要有一定的速度，由浅入深、由点及面，循序渐进地均匀擦拭，至少要擦拭 8 遍，让表面不能有粘手的感觉。同时用吹风机不断加热，使蜂蜡完全渗透到木材棕孔中。经过打蜡的家具木纹清晰自然、平滑流畅，尽显红木天然质感。

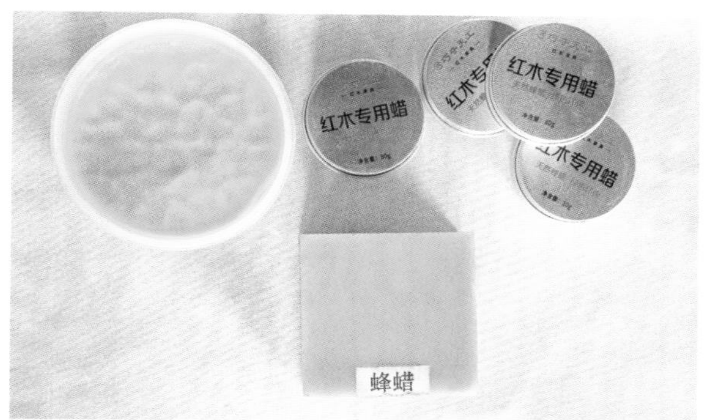

天然蜂蜡

打蜡工艺

第四章
红木家具选购指南

第一节 红木家具选材“猫腻”大合集

为什么市场上材质标注相同、款式造型类似的红木家具，它们的价格却差距明显，甚至相差几倍？为什么没用几年的红木家具会出现开裂变形等质量问题？其主要原因是选材有差别，让我们一起看一下红木家具选材“猫腻”有哪些。

一、以假乱真

用相似的非红木木材冒充国标红木，比如用金车花梨、高棉花梨、非洲花梨冒充缅甸花梨；用约 2 万元每吨的非洲赞比亚血檀冒充约 100 万元每吨的檀香紫檀……消费者难辨真假，但它们的价格和品质却有着天壤之别。

非洲花梨餐椅，上色上漆后冒充缅甸花梨餐椅，右侧为刮开漆层的效果

二、以次充好

用泰国、老挝、柬埔寨产的大果紫檀冒充缅甸产的大果紫檀；用泰国、越南产的交趾黄檀冒充老挝产的交趾黄檀。后者的颜色、纹理、油性密度均明显优于前者。

产自越南的交趾黄檀，其颜色发青、发乌

产自老挝的交趾黄檀，颜色发红，清透温润

产自尼加拉瓜的微凹黄檀，其颜色发青、发黄

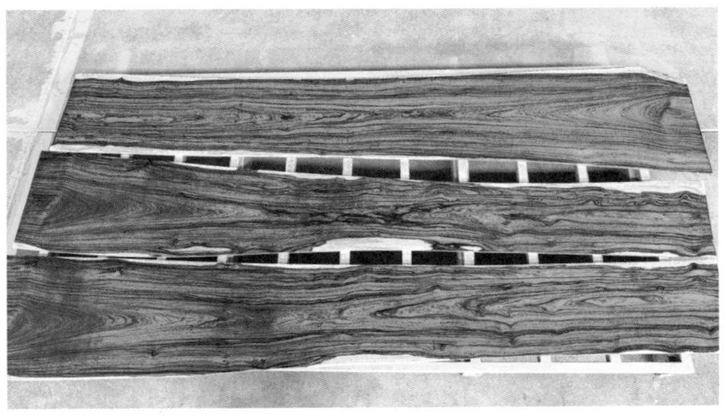

产自墨西哥的微凹黄檀，颜色为枣红色，温润细腻

三、滥用小料

制作红木家具最好的用材是生长年限长的大树主干料，而很多厂家为了降低成本，大量使用小树料，树梢、枝杈料制作家具，导致产品品质无法得到保证。

类似拳头粗细的小料

树根、枝杈料

四、滥用白皮，拼补严重

白皮和心材都是按吨计量，以同等价格买回来的，如果厂家使用白皮，那么会大大降低成本。因此，有些厂家大量使用白皮，并通过后期上色、画木纹的处理方式，以假乱真。

还有一些厂家把碎料拼接、疤裂填充后的木材，拼拼补补用到家具上，再通过上色遮盖拼接痕迹。

正在加工的板料，含有大量白皮

掺杂白皮的沙发

掺杂白皮的沙发

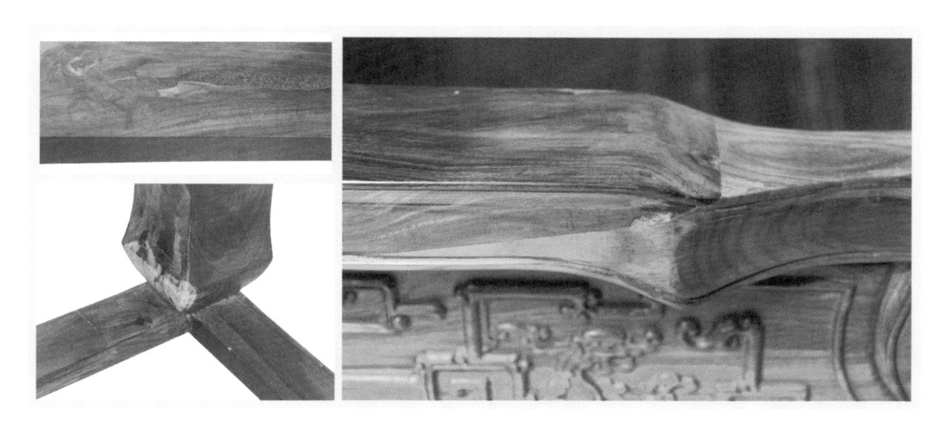

小料拼接、挖补上色的家具

五、“木皮包覆”

“木皮包覆”是一种木器装饰工艺。一些不法商家将其用在红木家具的制作中，特别是桌面或很粗的腿料，先在四周用 3 mm 厚的薄板做框，然后填充其他材质，偷梁换柱。消费者从成品外表一般看不出破绽，但拆开后，其真面目显露无疑，这让不少消费者上当受骗。

“木皮包覆”的腿料

六、硬性拉直

小树料或枝杈料的造型多为弯曲形状，如果正常使用，出材率非常低。但为了降低成本，有的厂家在裁料时顺着木材的弯度裁切，再通过高温高压、热弯软化等方式强行将它们拉直后用来制作家具，由于木材木性大，被强行拉直的木材很容易回位，造成家具开裂变形。

第二节 红木家具“六不买”

如何在鱼龙混杂的红木家具市场选购一套货真价实的精品红木家具，我相信是广大红木爱好者最为关心的事情。那么，怎么样选购精品红木家具？下面让我们一起梳理下哪些产品不能买。

一、价格很低的产品不能买

“一分钱一分货”是亘古不变的真理，又好又便宜的产品通常是不存在的。标注材质相同、款式类似的产品，价格高的不一定是真的，但价格很低的肯定是假的。消费者在购买产品时更多的是关注产品的价格，为了省钱往往忽略产品的品质，盲目购买，购买后又后悔不已。

二、不让顾客监督生产过程的产品不能买

红木家具因其特殊性，只看成品的话，很多质量问题无法发现。所以，消费者到厂家参观生产过程是非常重要的一步。

漫画《“物美价廉”要谨慎》

实地参观能对厂家选材的优劣、用料的大小、是否用白皮、有无拼接挖补等情况一目了然；也可以验证干燥、榫卯工艺等这些关乎红木家具质量的内在工艺是否标准规范；同时可以对厂家的规模实力、经营管理制度等有更深入、更全面的了解。

如果厂家以下班、停电、放假等为借口谢绝顾客去生产车间参观，或者遮遮掩掩，那就要提高警惕了。

三、标识不清楚的产品不能买

国标红木分五属八类 29 种材，同属同类不同种的木材品质、价格差距很大，笼统地称为“红酸枝”或“黑酸枝”等都是不规范的。比如，交趾黄檀与巴里黄檀都属于红酸枝木类，并且产地都是老挝，有的厂家只标注老挝红酸枝，还有些厂家标注老红木、新红木、红酸枝老料、红酸枝新料……让顾客误以为都是价格高昂的交趾黄檀，实际上很多是价格相对较低的巴里黄檀。

大多数木材都有“中文学名”和“俗称”两种叫法。“中文学名”就好比我们的身份证上的“大名”；“俗称”就好比我们平时叫的“乳名”。不管是“大名”还是“乳名”，平时怎么叫都行，但出现在正规地方的一定是身份证上的“大名”。所以，我们一定要看仔细了。产品的价格标签、明示卡、合格证、买卖合同上都必须要标注产品的中文学名，这是受法律保护的“大名”。那些只写“小名”的厂家，就有混淆视听的嫌疑了，针对其产品材质的真假，消费者就要警惕了。

正规产品应在价格标签、合格证、明示卡等处明确注明材质的中文学名，如果连最起码的名称都不能准确标注、规范统一，那么产品品质也就可想而知了，当然，也并不是有“一卡一证一书”就能确保产品质量，这只是最基本的要求。

四、开裂变形的产品不能买

“红木家具开裂是正常的，不裂不是红木。”这种说法是不正确的。木材因其木性随着季节变化而湿胀干缩，顺着木纹有些细小的开裂是正常的，通过专业保养即可修复，对家具质量没有影响，一般两三年就能稳定。但把所有的开裂变形都归为正常现象明显有失偏颇，榫卯结构开裂、面板凹凸不平、柜门翘曲变形、门缝大小不一等都是严重的质量问题，都是不正常的，是选材不良、工艺不精造成的，根本无法修复。大家在选购红木家具时，如果发现家具存在以上这些问题，那么坚决不能买。

柜门变形窜角

沙发腿部开裂

对角缝开裂

五、做工粗糙的产品不能买

外表是内在的直接体现，消费者可以通过家具表面细节和底部做工判断产品的优劣。所谓“金玉其外，败絮其中”，表面做工很好的产品在长期使用过程中都很难保证质量，更何况那些表面做工粗糙的产品，它们存在着诸如伸缩缝处理不干净、雕刻不细致、底部不光滑等问题。连表面都敷衍了事，内在的选材和工艺更无从谈起。一件精品红木家具，不论是内在质量，还是外表处理工艺，都必须是无可挑剔的。

伸缩缝处理粗糙

六、颜色不正、花纹不清晰的产品不能买

红木因其温润的色泽和瑰丽的花纹深受人们喜爱，红酸枝的沉稳端庄、花梨木的清新脱俗都让人爱不释手。精品红木家具必须是天然环保的，不能上色，不能使用化学油漆。但有些产品以假乱真、大量使用白皮、小料拼接挖补，后期只能通过上色、画木纹等手段掩人耳目，然后涂上一层厚厚的化学油漆防止褪色。这样的家具颜色均匀统一、没有层次变化、纹理不清晰，失去了红木家具应有的价值和美感。化学油漆中含有大量的有害物质，更是与红木家具修身养性的特质背

道而驰。所以颜色不正、花纹不清晰的红木家具一定有问题，消费者需要提高警惕。

大量使用白皮，通过上色掩人耳目的家具

以上几点，供大家购买红木家具时参考。选购精品红木家具还需要更深入地了解、更全面地比较产品质量，对瑕疵“零容忍”。

第三节
常用材质鉴别

一、黄花梨

1. 简介

黄花梨属于黄檀属香枝木类，中文学名为“降香黄檀”，主要分布于越南、缅甸及中国海南等地。黄花梨是“宫廷三大贡木”之一，现已濒临绝迹，仅存树木已被重点保护，严禁采伐，原木存储量也极少。

黄花梨心材的颜色为黄色、金黄色、深红褐色，其色纯净无杂色，置于自然阳光下，从侧面观看有跳跃闪亮的金光。黄花梨的纹理多姿多彩、变幻莫测，有鬼脸纹、水波纹、山峰纹等。独特的降香味浓郁而持久，沁人心脾。光泽内敛，似半透明的琥珀光，在自然光下波光涟涟，似湖水渗金。黄花梨的木质紧密，气干密度为 0.82~0.94 g/cm^3，含丰富的降香油，木材韧性好，不易开裂变形。

黄花梨具有很多养生功效，可以镇痛止血、消炎杀菌，抗皱美颜，降脂降压，稳定神经、安神助眠，辟邪气。

2. 历史价值及市场前景

我国自唐代就已使用黄花梨制作器物。唐代陈藏器的《本草拾遗》中记载，“榈木出安南及南海，用作床几，似紫檀而色赤，性坚好”。

从明代开始，黄花梨成为最重要的家具用材。红黄相间的色泽、灵动飘逸的纹理，迎合了文人崇尚自然、反璞归真的审美情趣。黄花梨独特的“鬼脸纹”增加了文学特征和神秘色彩，受到文人雅士的热捧，大家积极参与家具设计和制作，把明代黄花梨家具推向了巅峰。

1985 年，王世襄先生的著作《明式家具珍赏》出版，人们开始全新地认识和关注黄花梨，世界上掀起了一股黄花梨热潮，黄花梨成为古典家具收藏爱好者热烈追捧的宠儿，以及世界各大博物馆争相展出的收藏品。《明式家具珍赏》的封面就是一款黄花梨圈椅，这件被王世襄誉为“艺术价值第一”的圈椅，是王世襄的旧藏，现被收藏在上海博物馆。

明式黄花梨家具创造并长期保持着中国古典家具拍卖的世界纪录。早在 1995 年的北京秋季嘉德拍卖会上，一件明代黄花梨的八足圆凳鼓墩就卖到了 45 万元。在中国香港苏富比 2022 年秋季拍卖会上，一件明代晚期黄花梨圆后背交椅以 124609000 港币（人民币约 1.17 亿元）的成交价刷新了黄花梨交椅的世界拍卖纪录，成为世界上最贵的椅子。

黄花梨生长缓慢，虽经百年仍粗不盈握，加上明清统治者的掠夺性砍伐，至清朝晚期，原料日益匮乏，现已成凤毛麟角。因此，黄花梨在古典家具中占据非常高的地位，成交价格也是屡创新高。如今，拥有一件海南黄花梨家具，可以说是每一位收藏家的梦想。

3. 市场乱象

（1）以假乱真：黄花梨的价格昂贵，很多厂家用大叶黄花梨等类似的木材冒充它。部分商家在黄花梨家具中混入其他木材，只在显眼的地方使用黄花梨，而在不明显的地方用其他木材顶替。

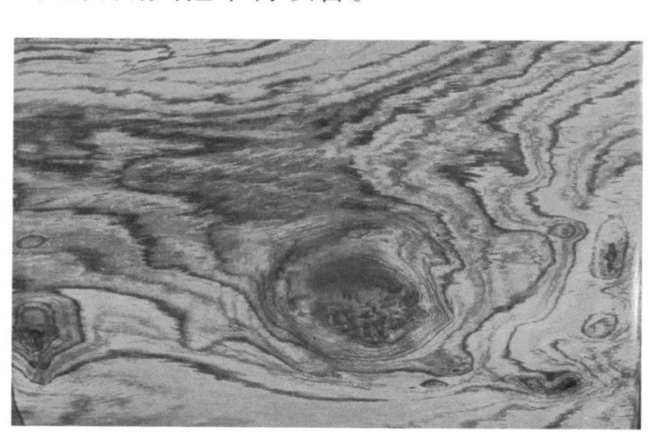

纹理多变的大叶黄花梨

（2）以次充好：大量黄花梨新料充斥市场。新料，即人工种植生长了几十年的黄花梨小料，其颜色浅，木性不稳定，很容易开裂变形。目前市场上绝大多数黄花梨是小料。小料经过上色、上漆冒充黄花梨老料。

用黄花梨新料制作的家具

（3）拼补严重：黄花梨存量稀少。部分商家将碎料拼接成大料，将疤裂修补填充，通过粉扑修饰等方法掩人耳目，使家具品质大打折扣。

经过拼补的黄花梨家具

二、檀香紫檀

1. 简介

檀香紫檀属于紫檀属紫檀木类，俗称“小叶紫檀”，主产于印度。

檀香紫檀为散孔材，新切面为橘红色，久置于空气中会转变为深紫红色或黑紫色，常带浅色和紫黑色条纹；纹理交错，为绞丝状和直丝状，又似不规则的蟹爪纹，分鸡血纹、金丝金星纹、牛毛纹；气干密度为 1.05 ～ 1.26 g / cm^3，油性大，木材木性稳定，木质坚硬、致密，是唯一一种横向走刀不阻的材质，特别适合做柔韧的雕刻；纹理纤细浮动，变化无穷，色调深沉，稳重大方，被视为木中极品，有“帝王之木”的称谓；有檀香味，可入药，有止痛止血、降血压、安神助眠等功效。

檀香紫檀生长缓慢，要生长 800 年才能成材。成材的檀香紫檀大料极难得到。目前，市面上最大的檀香紫檀直径在 30 cm 左右，我们一般常见的直径在 10 cm 左右，且空心严重，甚至“十檀九空”，故有“一寸紫檀一寸金”的说法。

2. 历史价值及市场前景

中国古代认识和使用檀香紫檀始于东汉末期，西晋崔豹的《古今注》中有记载，“紫檀木，出扶南，色紫，亦谓之紫檀”。

孟浩然的《凉州词》中的“浑成紫檀金屑文，作得琵琶声入云”，说的就是用紫檀做成的琵琶弹出的声音格外动听。

明朝时期，檀香紫檀为皇家所青睐，成为皇家专属木材。

清朝初期，檀香紫檀几乎被宫廷垄断，户部专门在南亚、东南亚国家设立采购点，为宫廷采购紫檀。

清朝末年，木材资源日益紧缺，檀香紫檀的供应量已不能满足皇家的需求。现在，印度对檀香紫檀的出口已经加以限制，每年进口到中国的木材数量十分有限。作为生产厂家，我们应倍加珍惜，只有做出真正的艺术精品，才能体现其珍贵的价值。

3. 药用价值

（1）安神助眠。檀香紫檀所散发的香气有益于人体心脏、肝脏、肾脏等，能有效稳定人体脑波，使情绪平衡、安祥、沉静，有助于睡眠，故有“睡紫檀，坐酸枝”的说法。

（2）止血止痛。檀香紫檀是一味名贵的中药，《本草纲目》中记载，紫檀能止血止痛，调节气血。

（3）美容养颜。檀香紫檀木中所含的“紫檀芪”成分，在美白抗氧化方面至今还没有任何已知植物成分能超越。

（4）杀菌净化。中世纪时期，医学界曾采用檀香紫檀薰香法来净化空气。檀香紫檀燃烧时除了能散发清幽芬芳的香气外，还能达到杀菌的效果，当今医学亦有此认同。

4. 鉴别

（1）颜色：檀香紫檀的新切面为橘红色，需要几年至十几年的时间氧化为深紫色，新做出的家具不可能颜色很深，更不可能是黑色。

（2）金星：真正存在于紫檀木中的金星是矿物质和树胶的混合物，蜡质感强，填充饱满，泛黄白色而非金黄色，排列不规则；假金星排列非常规则，有金属的光泽。至于爆金星更是不可能出现的。

（3）檀香紫檀与赞比亚血檀的鉴别方法：赞比亚血檀在 1993 年前后进入中国，其市场称谓一直在变化，如“血檀”“非洲小叶紫檀”“印度北部料”“染料紫檀”等。赞比亚血檀经抛光、打蜡处理后与檀香紫檀非常接近，普通消费者难辨真伪。赞比亚血檀的价格一度被热炒，但从 2016 年开始跌幅明显，现在好料的价格约为 2 万元每吨，与檀香紫檀动辄上百万每吨的价格相比，差距巨大。（两者对比见下表、下图）

檀香紫檀与赞比亚血檀两种材质的区别

分类	檀香紫檀	赞比亚血檀
原木	空心者多	实心者多
香气	香气淡雅	似鱼腥草的腥香味
质量	1.05 ~ 1.26 g / cm³，沉水	0.75 ~ 1.30 g / cm³，轻者占多数
新切面	橘红色，久则转为黑紫色	血红色带黄色或粉红色，久则转为深红色
油性	强	差，多数干涩
纹理	纹理直，花纹较少	纹理不清晰
金星	多	非常少

檀香紫檀

赞比亚血檀

檀香紫檀和赞比亚血檀对比图

单看家具成品，普通消费者很难辨别真伪，如果可以去生产车间实地看原木、白坯，则更容易分辨。现在，运用气质联用仪法，仅取少量锯末或刨花即可鉴定真假，为消费者带来了福音。

5. 檀香紫檀颜色的真相

常见的檀香紫檀多为黑紫色或深紫红色，其实檀香紫檀的新切面为橘红色，随着时间的沉淀，空气氧化，其颜色才会逐渐加深。紫檀颜色的变化大致是这样的过程：橘红色—枣红色—紫红色—深紫色—黑紫色。这是一个漫长的过程，短则几年，长则十几年，甚至几十年。

檀香紫檀原木料

如果大家看到刚做出来的檀香紫檀家具是深紫色、黑紫色，有商家说这是使用了檀香紫檀老料，那么要提高警惕了。在周默所著的《木鉴》中对檀香紫檀老料有明确的说明，檀香紫檀不论经过多少年，只要重新打蜡，就会显现之前的紫红色。所以，新做出的檀香紫檀老料家具是深紫色、黑紫色的说法是站不住脚的。

老料，经过长时间放置后，表面会被氧化，颜色会变深，但剖开后里面仍是偏红色的。

檀香紫檀的稀缺性和极低的出材率，导致目前市场上的檀香紫檀精品家具屈指可数。造成这种现状的原因：一是大部分商家大量使用赞比亚血檀，通过上色处理，让消费者真假难辩；二是拼补严重，檀香紫檀原料直径很小，“十檀九空”，能做到整料挖取、不拼不补的产品很少，甚至连一些如圈椅类的小件家具拼补都屡见不鲜。

三、交趾黄檀

1. 简介

交趾黄檀属于黄檀属红酸枝木类，俗称“大红酸枝”或“老红木”，主产于泰国、越南、老挝等地，以老挝出产的最好。

交趾黄檀为散孔材，生长轮不明显或略明显，心材新切面呈紫红褐色或暗红褐色，常带黑褐色或栗褐色深条纹。有酸香气味，结构细，纹理通常是直纹，木质坚硬、细腻，木材油性大，可沉于水，气干密度为 1.01 ~ 1.09 g / cm^3。成材特别缓慢，一般要生长 500 年以上才能成材。

2. 历史价值及市场前景

交趾黄檀的大规模使用是在清朝中期，因檀香紫檀日渐匮乏，皇家急需一种相近的木材来替代。交趾黄檀以其与檀香紫檀有相似的颜色、纹理，较好的油性和稳定性自然而然地进入了人们的视野。交趾黄檀与海南黄花梨、檀香紫檀并称为宫廷专用的“三大贡木”，具有很高的历史价值。

自 2000 年以后，随着迅猛增长的市场需求，以及木材的大量采伐，交趾黄檀已经越来越少，价格也越来越高。特别是在 2013 年，《濒危野生动植物种国际贸易公约》（CITES）把交趾黄檀列为二类保护树种，限制其出口，使得交趾黄檀价格成倍增长。2008 年，直径为 30 ~ 40 cm 的交趾黄檀大料价格为 4 万 ~ 5 万元每吨。2010 年后，每吨要价 30 万 ~ 40 万元，涨了近 10 倍。

2016 年，《濒危野生动植物种国际贸易公约》（CITES）第十七届缔约方大会将交趾黄檀（大红酸枝）的管制级别从《濒危野生动植物种国际贸易公约》（CITES）附录Ⅱ中的标注 5 升级为标注 4，管制范围从原木、锯材扩大到家具及零部件。交趾黄檀的贸易被全面禁止，原木市场流通的交趾黄檀已越来越少，大料更是一木难求，估计不出几年，交趾黄檀将成为下一个“黄花梨”，升值潜力不可限量。

3. 鉴别

交趾黄檀产自老挝、泰国、越南、柬埔寨等地，以老挝产的品质最好，所以又称“老挝大红酸枝”。自交趾黄檀被启用开始，大家约定俗成的交趾黄檀即为老挝的大红酸枝。经历近 20 年的过度采伐，老挝大红酸枝的原料几近灭绝，现在以泰国、柬埔寨料居多。虽然同为一种材质，但老挝的交趾黄檀的价格比其他产地的贵一倍多，品质更是有着天壤之别，具体鉴别如下。

（1）看颜色：老挝交趾黄檀颜色富于变幻，同一块木板上呈现多种不同的颜色，有红褐色、青褐色、黑褐色、黄褐色、栗褐色等，并且这几种颜色相互交错，这是老挝交趾黄檀独有的渐变色。交趾黄檀之所以被称为“大红酸枝”，是因为其颜色多为正红色或枣红色，且清透温润。而泰国等地的交趾黄檀的颜色大多发黄、发青，甚至成片发黑，且纹理不清透。

老挝交趾黄檀

（2）看荧光：老挝交趾黄檀底色干净透亮，在强光照射下有透明的荧光浮动；源自其他产地的交趾黄檀则比较暗淡。

（3）看润度：老挝交趾黄檀木质中含有丰富的油脂，质地温润，木材表面只需仔细打磨便可呈现温润如玉的光泽和润度。而且老挝交趾黄檀木材稳定性好，做成家具不容易开裂变形。而源自其他产地的交趾黄檀其木材油性小，发干、发涩，木材稳定性差。

温润细腻的老挝交趾黄檀

4. 交趾黄檀老料的真相

交趾黄檀的确有部分拆房老料已放置几十年甚至上百年，剖开后油亮的黑色中夹杂着红色条纹，色泽温润，质感细腻。并且因存放时间较长，木性十分稳定，很少有开裂变形的。但价格昂贵，存量十分稀少。至于那些充斥在市场的价格低廉、黑而干涩、开裂严重的产品大多是假料上色后制作而成的。

老挝交趾黄檀老料（边框）

四、微凹黄檀

1. 简介

微凹黄檀属于黄檀属红酸枝木类，俗称“可可波罗”，在中美洲也被称为“帝王木”，主产于墨西哥、尼加拉瓜、巴拿马等地，以墨西哥出产的最好。

微凹黄檀为散孔材，新切面呈橘红色，置于空气中，表面会很快被氧化成枣红色，颜色非常接近交趾黄檀。纹理绚丽多变，如行云、山峦、鬼脸，韵味十足。有酸香气味，气干密度为 0.98 ~ 1.22 g / cm^3，木材硬度高，油性大。

微凹黄檀既有交趾黄檀坚硬、细腻的特点，又有似海南黄花梨般飘逸的纹理、温润的色泽。

2. 历史价值及市场前景

发现新大陆的克里斯托弗·哥伦布是带领微凹黄檀走向世界的先驱。1492 年，克里斯托弗·哥伦布受西班牙皇室派遣出使中国和印度，在航海探险过程中，在加勒比海的一个小岛屿上，他发现了见证欧洲文艺复兴盛况的良木——微凹黄檀。独具慧眼的伊莎贝拉女王命人用微凹黄檀打造了一尊华贵典雅的王座，作为献给斐迪南国王的礼物。这尊王座至今仍完好地保存在西班牙巴塞罗那历史博物馆，被誉为十六世纪欧洲宫廷家具的巅峰之作。

在克里斯托弗·哥伦布进行第二次航海探险的时候，微凹黄檀作为皇室专用的木材，被源源不断地输送回西班牙。它的深度挖掘，致使西班牙一举成为欧洲文艺复兴时代最具艺术成就的国家之一。

在中外历史上，总是会发生一些惊人的巧合，当年郑和引进的交趾黄檀，造就了中国明清家具的繁荣，而克里斯托弗·哥伦布引进的微凹黄檀，同样造就了欧洲宫廷家具的经典。交趾黄檀与微凹黄檀这对“难兄难弟”的经历可谓一波三折，却各自成就了一段精彩的艺术传奇，成为世界家具史上一段脍炙人口的佳话。

清末一代巨匠廖熙在《与承修兄书》中提到：“余事雕刻数十载，未尝见有木胜可可波罗者。其纹似山峦叠伏，看似花梨，尤胜花梨；而质地坚密，颇似紫檀，亦胜紫檀多矣！乃木中之极品，非酸枝、花梨、紫檀诸木可比拟也。”

微凹黄檀刚进入中国时并没有被充分认可，一是大家对红木的概念还不是很明晰，二是作为常用材的交趾黄檀原料比较充足、价位也不高，所以很快就把微凹黄檀忽视了。后来，大家慢慢发现，微凹黄檀的各个方面的品质并不次于交趾黄檀，甚至在油性、密度上都优于交趾黄檀。从而，大家对它又有了新的定义。特别是近几年，交趾黄檀被过度砍伐，大料已经一木难求，作为它的最佳替代品，微凹黄檀自然而然地进入了人们的视野，其价格也随之升高。

微凹黄檀的整体存有量比交趾黄檀要低很多。2013 年，微凹黄檀已被列为二级濒危保护树种，并限制其进出口。它本身进入中国较晚，一年内能够顺利运到国内的仅 200 ~ 300 个货柜。微凹黄檀一旦大规模使用，用不了几年，它也会被消耗殆尽。微凹黄檀目前的价格相对于其品质还处于洼地，是目前最有发展潜力的红木木材，也是大自然最后的馈赠。近 10 年，交趾黄檀被大量滥用，用其木材所生产的精品家具却很少，让人心痛。我们不能再按照前 10 年粗暴的方式来对待这个最后登上历史舞台的红木明星了，而是需要红木从业者精工细作，在工艺、器型上下功夫，做出能传承的精品，发挥它的最大价值。

3. 鉴别

微凹黄檀的产地较多，如墨西哥、尼加拉瓜、巴拿马等地均有出产，所以木材品质也有较大的差别。产于墨西哥的微凹黄檀无论是密度、油性、纹理都优于其他产地的，价格也比其他产地的高出一倍多。

（1）看颜色：产于墨西哥的微凹黄檀的新切面为橘红色，因其油性大，切面很快会被氧化成枣红色，并且红中隐约透着淡淡的金黄色。而其他产地的微凹黄檀的切面颜色发青、发黄，不清透。

墨西哥微凹黄檀新切面

墨西哥微凹黄檀切面氧化后

（2）看密度：微凹黄檀的气干密度在 0.98 ～ 1.22 g / cm^3 之间。产于墨西哥的微凹黄檀的气干密度明显要高，大多在 1.15 g / cm^3 以上，而其他产地的气干密度低很多。

（3）看纹理：产于墨西哥的微凹黄檀其黑筋多而细腻，丝丝分明，立体感强。而其他产地的纹理发虚，黑筋较少，甚至看不到明显的花纹。

花纹绚丽的墨西哥微凹黄檀

（4）看油性：产于墨西哥的微凹黄檀油性很大，甚至超过交趾黄檀，所以，用其制作的家具非常温润、细腻，透感很强，稳定性好，不易开裂变形。而其他产地的明显油性偏小，木材干涩，稳定性差。

五、奥氏黄檀

1. 简介

奥氏黄檀属于黄檀属红酸枝木类，俗称“缅甸红酸枝”或“白酸枝”，主产于缅甸。

奥氏黄檀为散孔材，心材颜色为浅红褐色，且深褐色条纹明显；木纹立体感强，花纹飘逸，有鬼脸纹、鱼鳞纹、山峰纹等；有酸香气味；气干密度在 1.00 g/cm^3 上下；质地坚硬，可沉于水，木材油性大，稳定性好，做成家具一般不易开裂变形。

奥氏黄檀因其独特的浅褐色和飘逸的纹理，和海南黄花梨非常接近，有些厂家将其漂白后做成浅色冒充黄花梨，让消费者真假难辨。

2. 历史价值及市场前景

奥氏黄檀在明代即已作为家具木材被广泛使用。王世襄先生就曾收藏过一件明代奥氏黄檀夹头榫画案。该画案采用“一木一器”制作而成，与黄花梨极为接近。许多收藏家和修复老家具的师傅们都曾在老家具里见过奥氏黄檀的身影，甚至一度将它们与黄花梨混淆。

在民国时期，西式家具的盛行和传统红木用材数量的日趋减少，使奥氏黄檀开始被大量启用。因奥氏黄檀颜色略浅而亮，更容易搭配西式家具，使其价格曾一度暴涨，甚至超过了交趾黄檀。

奥氏黄檀生长比较缓慢，一般要生长 500 ~ 800 年才能成材，经过数百年才能长成色深质密、可制作家具的木材，因此资源十分稀缺。2016 年 9 月，奥氏黄檀被列入《濒危野生动植物种国际贸易公约》（CITES）附录Ⅱ，被限制砍伐。

3. 鉴别

（1）看颜色：奥氏黄檀大料是浅红褐色带深色条纹的，颜色比交趾黄檀要浅，但同时有交趾黄檀的沉稳厚重。如果颜色很浅，且发黄、发白，则是一些处于生长期的小树；如果颜色很红，很可能是后期经过了上色处理。

带深色条纹的奥氏黄檀

（2）看花纹：奥氏黄檀的花纹立体感很强，多有鬼脸纹、鱼鳞纹，它们如行云流水、洒脱飘逸。如果纹理发虚，则不是真正的奥氏黄檀。

花纹洒脱飘逸的奥氏黄檀

（3）看油性：奥氏黄檀的密度高、油性大，做成家具温润细腻、手感极佳；如果家具发干、发涩，则不是用奥氏黄檀制作而成的。

（4）闻味道：奥氏黄檀有股淡淡的酸香味。而很多用来冒充它的木材多为辛辣味。

目前市场上的奥氏黄檀产品因多是选用了一些处于生长期的小树或枝杈料制作而成，故颜色较浅、发白，纹理不清晰，油性很小，导致品质很差。

4. 奥氏黄檀颜色的真相

奥氏黄檀属红酸枝木类，因其颜色相比交趾黄檀略浅、色素淡，故有了“白酸枝”的叫法。

现在市场上有些奥氏黄檀家具颜色很浅，偏黄，甚至发白，加之俗称“白酸枝”，致使很多消费者误以为奥氏黄檀就是浅色的。其实这是错误的，上乘的奥氏黄檀的颜色应是红褐色。

奥氏黄檀虽然主产于缅甸，但由于经纬度的不同，土壤、光照、降水、气温等各方面都有较大的差异，不同地区所产的木材品质有很大的差异。上乘的奥氏黄檀产自缅甸的曼得勒（因缅甸历史上著名古都阿瓦在其近郊，故旅缅华侨称它为“瓦城”）。

瓦城的环境最适合酸枝木生长。所以，瓦城产的奥氏黄檀颜色深、偏红，黑筋多，纹理多变，并且密度高，油性大，品质明显优于其他地区所产的奥氏黄檀。它的价格也比其他产地的木材要高出很多。用瓦城料做成的家具颜色偏红、花纹绚丽、手感细腻。“巧夺天工”所生产的奥氏黄檀家具全部选用瓦城料。

六、绒毛黄檀

1. 简介

绒毛黄檀属于黄檀属红酸枝木类，俗称“巴西黄檀”或“玫瑰黑黄檀”，主产于巴西、墨西哥等地。

绒毛黄檀是散孔材至半环孔材，其心材、边材区分明显。心材的颜色为浅褐色、栗褐色，纹理密直通达，结构细腻，微具酸香气味，气干密度为 0.9 ～ 1.19 g / cm^3，强度高，富含天然油脂，木性稳定，是上好的家具用材。

绒毛黄檀心材的色彩特别具有视觉冲击力，呈微红色、紫红色，并带有金黄色或黄褐色条纹。山峰纹、虎皮纹交错十分明显，光泽鲜亮，奇特漂亮的图案美丽生动，给人以古色古香的感觉。

2. 历史价值及市场前景

绒毛黄檀属珍贵树种，是经典的家具用材。它是 18 世纪法国最流行的家具用材之一，路易十五时期被用来大量制作王室家具，英国古典家具也经常用到，是欧洲宫廷家具的御用良材。

绒毛黄檀生长缓慢，要生长几百年才能成材，出材率很低，加上过度砍伐，现存量已经越来越少。绒毛黄檀已被列入《濒危野生动植物种国际贸易公约》（CITES）附录Ⅱ，被严格限制砍伐出口。

绒毛黄檀原木

3. 鉴别

（1）看颜色：绒毛黄檀的新切面为浅褐色，置于空气中很快会氧化为枣红色；看上去稳重大气有质感；局部的橘红色内有金色透亮的荧光浮动。

绒毛黄檀的颜色

（2）看纹理：绒毛黄檀的花纹立体感强。山峰纹、虎皮纹、鸡翅纹相互交错，瑰丽多变，如行云流水，浑然天成。

绒毛黄檀的花纹

（3）看油性：绒毛黄檀的密度高，油性大，手感温润细腻。

（4）闻味道：绒毛黄檀的新切面有淡淡的酸香味。

市场上很多“绒毛黄檀”家具颜色很深，色泽干涩，大多是用其他的酸枝木冒充或用小树、枝杈料上色后制作而成的。

七、阔叶黄檀

1. 简介

阔叶黄檀属于黄檀属黑酸枝木类，俗称“印尼黑酸枝，”主产于印度尼西亚、印度、尼泊尔等地。

阔叶黄檀为散孔材，生长轮不明显。心材的颜色呈浅金褐色、黑褐色、紫褐色或深紫红色，常有较宽但相距较远的紫黑色条纹。新切面有酸香味，结构细，纹理交错，气干密度为 0.82 ~ 0.86 g/cm^3。

阔叶黄檀以顺直的山峰纹居多，金黄色或黄褐色条纹与黑色条纹交相互应，光泽鲜亮夺目。阔叶黄檀木性稳定，不易开裂，又有“油酸枝”的称谓。

2. 历史价值及市场前景

阔叶黄檀因其结构细腻，纹理清晰，油性大，制作出来的家具坚固耐用，历经百年而不变形。中国人喜好紫色，视紫色为雍容华贵之色，成语“紫气东来”便是形容紫气为祥瑞之气。因而，在明清时期，阔叶黄檀使用较为普遍，属于古董家具收藏界的珍品之一。德国学者古斯塔夫·艾克著的《中国花梨家具图考》中也对阔叶黄檀给予了很高的评价。以至现在，阔叶黄檀家具依然具有很高的珍藏价值，其升值潜力也被越来越多的投资者挖掘。目前，它已被列入《濒危野生动植物种国际贸易公约》（GITES）附录Ⅱ中，被限制砍伐及进出口。

3. 鉴别

（1）看颜色：阔叶黄檀大料的颜色为紫黑褐色，带深黄色、黑色宽条纹。

阔叶黄檀的颜色

（2）看油性：阔叶黄檀的油性较大，在自然光下常有荧光浮动。

带有荧光的阔叶黄檀

（3）闻味道：阔叶黄檀的新切面有淡淡的酸香气。

阔叶黄檀板材的疤痕、裂纹较多，出材率很低。市场上的“阔叶黄檀”家具大多是用小树料制作而成的，拼补、上色问题严重，虽然颜色鲜亮，但油漆很厚，品质很差。

八、大果紫檀

1. 简介

大果紫檀属于紫檀属花梨木类，俗称“缅甸花梨”，主要产于缅甸、泰国、老挝、柬埔寨等地，以缅甸出产的品质最为上乘。

缅甸花梨为散孔材，心材呈橘红色或砖红色，在强光下有金色透亮的荧光。木纹清晰，花纹细腻美观，看上去很有立体感，特别是它的虎皮纹、山峰纹、鬼脸纹等，形象逼真。缅甸花梨又称“香红木”，有悠远、醇厚的檀香味，香气浓郁；气干密度为 0.80~1.01 g / cm^3；结构细腻，纹理交错，一般要生长 300 年以上才能成材。

缅甸花梨有浓郁的檀香味，其香气有安神的作用，因此缅甸花梨卧室家具对失眠患者有一定的保健功效。

产于泰国、老挝、柬埔寨等地的大果紫檀颜色为暗红色或偏黄色，色泽死寂，缺乏生气；花纹虚飘，纹理不明显；有刺鼻的味道。

2. 历史价值及市场前景

大果紫檀启用于晚清至民国时期，在海南黄花梨（降香黄檀）几近断绝时作为一种补充木材，又被称为“草花梨”，与“黄花梨”以示区别。因其温润的色泽、瑰丽的花纹、超高的性价比，深受大家的喜爱，成为红木市场的“主力军”，被称为红木家具市场的“大众情人”，作为红木市场的主流木材，具有不可替代性。随着木材被过度砍伐，大果紫檀大料的存量也越来越少。

3. 缅甸花梨的鉴别

大果紫檀产自缅甸、老挝、越南、柬埔寨等地，以缅甸产的品质最为上乘，其鉴别如下：

（1）颜色：缅甸花梨的颜色偏红，心材呈橘红色或砖红色，颜色很正。其他花梨木的颜色是暗红色、发乌、不清透。老挝花梨或一些枝杈料的颜色浅偏黄，木纹不清透。

缅甸花梨的颜色

（2）荧光：缅甸花梨在强光下有金色透亮的荧光。

（3）纹理：缅甸花梨木纹清晰，花纹漂亮炫丽，看上去很有立体感，特别是它的虎皮纹、山峰纹、鬼脸纹等，形象逼真。

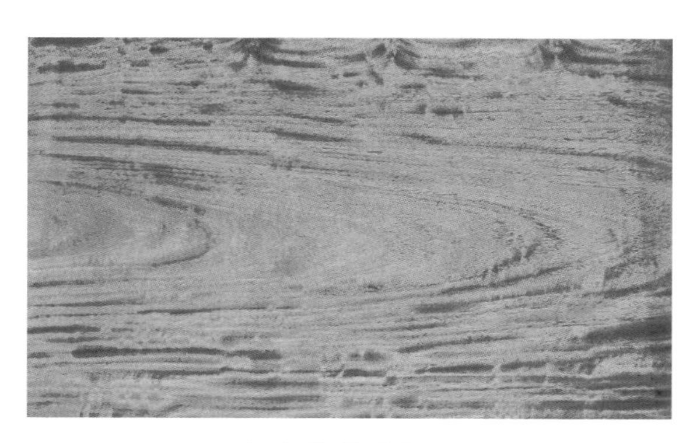

缅甸花梨的纹理

（4）味道：缅甸花梨又称“香红木”，有股淡淡的檀香味。而东南亚其他地区的花梨有刺鼻的气味。非洲花梨则有臭墨水的味道，很多厂家会通过上漆来遮盖异味。

4. 缅甸花梨家具颜色背后的真相

目前，缅甸花梨家具在市场上比较混乱，颜色参差不齐，有的很浅、很黄，有的则非常红，让消费者一头雾水，弄不明白。造成缅甸花梨家具颜色差异大的原因主要有以下几点。

（1）掺假所致：金车花梨、高棉花梨等也叫花梨木，但都不属于国标红木。它们的颜色有黄有红，有些厂家用这些非国标木材冒充缅甸花梨，还有的厂家用非洲花梨通过上色来冒充缅甸花梨。

（2）产地不同所致：大果紫檀主产地在缅甸、泰国、老挝、柬埔寨等地，以缅甸出产的品质最好。很多厂家都称自己的家具是用缅甸出产的花梨木制作的，但真正的缅甸花梨在市场占比很小，他们所称的“缅甸花梨”其实大部分是产于泰国、老挝、柬埔寨等地的。这些产地的大果紫檀的颜色发暗、发乌。

（3）用料大小所致：同样是缅甸花梨，但大树主干料和枝杈、小树料的品质差距很大。树枝树杈、小树料的颜色浅，且发白发黄，木纹不清晰，其稳定性也差，做成家具容易开裂变形，用这种木材制作的家具需要后期上色处理，这样的家具消费者很难辨别。

第五章
“巧夺天工”的经营策略

第一节
“明码实价”

提起买红木家具，大多数人首先想到的便是必须砍价。但是，俗话说“买的不如卖的精”，在整个过程中，消费者始终处于劣势，最低价永远掌握在商家手中，买方占不到半点便宜。很多消费者也并不了解红木市场现状，讲价只能靠蒙。他们把主要精力花费在讨价还价上，却看不透产品品质，等盲目成交后，才后悔莫及。

目前，市场上精品家具少，粗制滥造的多，且多为经销商经营。经销商们不了解红木家具的生产制作过程，对产品品质和生产工艺知之甚少。他们只能靠打价格战吸引客户，抓住部分消费者爱贪小便宜、虚荣心强的心理特点，虚标价格，以“打折让利”等优惠措施为诱饵，靠讨价还价，拉近与消费者之间的距离，促使成交。

“巧夺天工”转型生产红木家具初期，很多顾客想尽办法、托关系找董事长。他们认为董事长亲自接待很有面子，价格也能谈到最低，有的甚至来了很多次，每次来都要求董事长亲自接待，浪费了双方大量的时间和精力。讨价还价不可能做到公平公正，最后的成交价格有高有底，这也导致很多人不满意。随着公司规模不断扩大，公司领导人认为他们应该把精力放在生产经营上，多考虑公司的发展规划，不能只做普通销售员的工作，如果持续这样，只会因小失大。

基于这些原因，公司领导深思熟虑后，毅然决定实行“明码实价”。这个想法一提出便引起了不小的争议，有人说：“在红木行业中，讨价还价已是惯例，中国人爱讲人情、要面子，别人可以不便宜，但亲朋好友不可以不便宜，不然就太没有人情味了。这条路能行得通吗？”

最终，董事长下定决心实行“明码实价”。他说：“只有‘明码实价’，才能做到公平公正，真正保护消费者的权益，我们即使遇到再大的困难，也要坚持下去。”

“巧夺天工”于2011年率先实行“明码实价”，家具的售价是全国统一定价，这给消费者创造了公平公正的消费环境，让消费者省心、放心地买到货真价实的红木家具。

实行“明码实价”以后，效果比预想的要好很多，尤其是外地客户都非常满意。有位客户感慨地说：“我考察红木家具有七八年了，跑遍了大半个中国，就因为价格问题而迟迟不敢购买。有时，同一家店去三次得到三种报价，并且报价差距很大。我们有两件事最担心，一是货不真，二是价不实。‘巧夺天工’所有的生产工序全部对外开放，消费者可以监督全部生产过程，现在你们又实行‘明码实价’，真正做到了货真价实。”

当然，也有顾客表示不理解，但通过我们耐心解释，大部分客户也能认可了。一个新政策的施行不可能让所有人都满意，只要这条路是对的，就必须走下去。随着时间的推移，大家见证了“巧夺天工”的发展，也逐渐理解和认可我们的制度。好多顾客都说，如果都像“巧夺天工”一样实行“明码实价”，那么消费者多省心啊！

“明码实价”已经成为“巧夺天工”的一张名片，真正做到了公平公正。“巧夺天工”产品的价格也成了市场的风向标。从此，红木市场漫天要价的现象得到了缓解。“巧夺天工”为规范市场做出了贡献，成为红木家具市场的一股清流。

第二节
"培训"顾客

红木家具行业是个特殊的行业，具有较强的专业性。然而，消费者普遍缺乏红木家具专业知识，吃亏上当的例子屡见不鲜，甚至有人为了维权而与生产厂家对簿公堂，这也让很多人望而却步，有意向购买，却迟迟不敢下手。

鉴于此，"巧夺天工"提出了"培训顾客"的营销理念，意在让更多消费者全面了解红木知识及红木家具市场现状，学会辨别真假、挑选精品家具，做到明明白白地消费。

2008 年 10 月，"巧夺天工"进入济南市场，把"培训顾客"的海报张贴在商场的宣传墙上，一时间引起轩然大波。有人看后认为我们太自大，对我们嗤之以鼻，说："瞧，还培训顾客！"但还是有很多顾客相信我们，参加了培训。后来，参加过培训的客户都说，幸亏从我们这里学习了红木知识，否则真的要吃大亏了。

那时市场上的大果紫檀产品居多，很多商家以假乱真，用类似的非洲花梨和一些叫不上名的木材来冒充大果紫檀。于是，"巧夺天工"便开始教顾客从颜色、花纹、气味等特征去辨别。不久后，很多消费者便掌握了辨别的方法，红木市场以假乱真的现象也得到了缓解。"巧夺天工"的做法得到了越来越多的消费者的认可，也为规范红木家具市场做出了贡献。

红木家具仅仅是保真还远远不够，"巧夺天工"又推出了"精品"概念。选材精良、工艺精湛才算精品，只有精品才兼具实用、欣赏、收藏、传承于一体。“巧夺天工”开始从“型艺材韵”等方面“培训”顾客树立精品意识，以及教会他们如何选购精品。

一路走来，“巧夺天工”得到了越来越多的认可，赞誉不断。

2015 年，巧夺天工红木文化博物馆正式建成并对外开放，同时建立了红木文化学院，对红木的由来、选材用料、制作工艺等都进行了全面展示，如同一本红木百科全书，让人受益匪浅。有位客户说：“我考察了这么多红木家具厂家，没有一家像你们这样专业。之前买的红木家具到现在我都不知道它是什么材质，要是早点来你们这里就好了。”

现在，“巧夺天工”在哪里开店，就把“红木文化学院”带到哪里，“培训”顾客始终是我们义不容辞的责任。

第三节
售后服务

售后服务是在商品出售以后厂家所提供的各种服务活动。售后服务能提高企业的信誉。售后服务的优劣直接影响消费者的满意度。优质的售后服务是品牌经济的产物。在市场竞争日益激烈的今天，随着消费者维权意识的提高和消费观念的转变，消费者不再只关注产品本身，在同类产品的质量与性能都相似的情况下，他们更愿意选择那些实力强、品牌知名度高、拥有正规售后服务团队、能提供优质售后服务的大公司。

红木家具的售后服务尤为重要，需要较高的专业技术，不仅要送货到家、安装到位，还要负责后期使用过程中的维修保养等。

市场上的红木家具商家多为小代理商，他们没有自己的售后服务团队，后期的家具保养难有保障，消费者遭遇售后服务“冷暴力”是常有的事。有些商家以“红木家具开裂变形是正常的，不用管它”“裂完了一起修”等为理由逃避责任，只承诺不履行，这其中的原因主要有三点：一是产品质量不过关，出现严重质量问题根本无法解决；二是红木家具的维修，技术要求高、难度大、费用高，很多商家没有自己的团队，无法实现专业的售后服务；三是没有长远眼光和品牌意识，只是为了赚钱，售前做出各种承诺，后期却不履行。

“巧夺天工”拥有一支专业的售后服务团队，为广大消费者提供规范、及时、专业、优质的售后服务。

一、高标准、严要求打造高素质的专业售后团队

“巧夺天工”的售后人员大部分是从生产车间挑选出来的优秀员工，有的甚至是一级木工，他们经过了专业培训，对家具的搬运、组装、垫平、维修、保养都非常专业，能有效解决各种售后问题。售后人员除了要有很强的专业技能外，还需要有很高的职业素养。“巧夺天工”制定了严格的规章制度，如售后人员不能随便动用顾客家中的物品，要谨言慎行，对客户信息严格保密。“巧夺天工”利用专业软件，制定了科学合理的考核办法及计件工资制，促使工人又快又好地完成工作任务。

二、用心服务，注重细节

“巧夺天工”的售后人员会提前跟顾客预约送货时间、烫蜡保养时间。送货时，选用减震效果好的进口五十铃货车。装好车的家具之间会用专用棉被将其隔开，这样能有效避免在送货途中家具被碰伤、划伤。另外，“巧夺天工”也提供免费送货上楼服务，进入顾客家中后，售后人员必须穿鞋套，把家具摆放到位，组装垫平，打扫擦拭，摆放玻璃、坐垫，做到一次到位。做完这些后，由客户验收签字。

三、终身维修，主动上门保养

“巧夺天工”的产品有终身维修服务。送货满一年后，我们会主动联系顾客约定时间上门保养。我们专门开发了售后服务软件，实现客户档案电子化管理，能详细记录用户基本信息、购买及保养时间、家具使用情况等，便于后期跟踪服务。

四、统一管理，集中服务

“巧夺天工”实行“售前售后一体化”管理，便于部门协调，保证了信息的连贯性、准确性和及时性。售前售后都有销售人员进行跟踪服务，顾客有问题可以及时联系、随时沟通，做到第一时间解决问题。

送货上楼

家具垫平

摆放玻璃、擦拭家具

打蜡保养

优质的售后服务，代表了一个企业的综合实力，也是讲诚信、负责任的具体体现。“巧夺天工”正是凭借过硬的产品品质和优质的售后服务，让客户感受到了品牌的魅力。我们吸引了越来越多的忠实“粉丝”，我们的客户也以拥有“巧夺天工”的产品为荣，并主动为我们宣传。

附录

“巧夺天工”的品质管理

精益求精

山东巧夺天工家具有限公司生产厂长　刘春明

胡适所著的《差不多先生传》大家都不陌生，文中用平和的语气讽刺了一些人做事不认真、不负责任的态度。很多人做事不是追求精益求精，而是“差不多”就行。在这种大环境下，那些做事严谨认真的人和大家相处时却显得格格不入，在社会上成了“异类”，这让我们感触很深。

刚开始生产家具时，我们就定位做精品。不论是管理内部员工还是与外人合作采购物品，我们的要求都是很严格的，标准也都是很高的。其间，我们经历了很多让人哭笑不得的事情，其中的难处也只有我们自己能体会。

那时，木材都是选购后就地裁料，从哪里买的就在哪里解板，但是卖家的要求标准低，每次锯的料弯弯曲曲、厚薄不一，尺寸也都不合适。按规定裁 4 cm 的板，他们解的板有时 3.8 cm，有时 4.2 cm，给后期的生产造成了很大的麻烦，浪费了很多材料。我们多次提出要求、标准后，他们仍不改进，说误差在正负 2 mm 内是正常的，反而说我们太苛刻，要求太过分。后来，我们又找其他厂家合作，他们见我们的要求很高，也都不愿意接我们的活，实在找不到合适的合作厂家，我们只能采购设备，自己解板。生产上多了一道工序，给我们增加了很大的工作量。但我们在人员培训、设备管理、操作规范的制定等方面，从一开始就坚持高标准、严要求、下狠功夫。 最终，锯解出的板料完全符合我们的标准和要求。

市场上大部分厂家所生产的家具上所配的软体部件都是委托其他厂家定做的，这些家具生产厂家不在软体上耗费精力。刚开始我们也这样做，但接连不断出现问题，定做的座垫不是偏大就是偏小，那些有造型的家具座面，做得更是不合适，误差太大，根本没法用；定做的红木床配套的椰棕床垫尺寸没有一次是符合标准的，合同约定的标准尺寸是 1.8 m × 2.0 m，但每次定做出来的实物不是长 1 cm 就是短 1 cm，找厂家理论，他们却说："误差在正负 1 cm 是正常的。"

最终，公司选出专人成立了布艺车间，从布料选购、花色搭配到成品制作，在边学边摸索中，完全实现了自己生产抱枕、圆枕、座垫、床垫等软件部件。

红木家具的桌面需要配备玻璃，我们便开始考察玻璃厂家进行合作。一开始，由于我们订货量大，付款及时，厂家都很热情。但是，合作几次后，他们就不痛快了，说："你们要求太高了，玻璃有点小划痕不行，不方正不行，误差 2 mm 也不行，我们干了这么多年，你们这种要求以前从没听说过，你们还是另请高明吧。"我们找遍了莱芜、新泰及济南周边所有的玻璃厂家，情况大致相同，都不愿意与我们合作。最后，实在没办法了，我们只能购买机械设备，按照家具尺寸自己切割、磨边……

为了家具上配的铜饰件，我们几乎跑遍了全国各地的重要厂家，合作厂家换了一家又一家，仍然没有找到合适的。他们制作的螺钉尺寸不标准，每一批次生产出来的铜件都不一样，折页的铜色、雕刻也是一批次一个样，还有划伤、做工粗糙等情况，直接影响了家具质量及美感，每次使用时都要提前修理一遍。

在这种"差不多"的大环境下，我们想做精品、做百年企业，实在是太难了。刚建厂时，因为产量小，我们只能找人合作，但他们"差不多"就行的做事态度，"逼"着我们采购设备，自给自足。现在，随着公司规模不断扩大，这种自力更生的办法恰到好处，为我们做精品家具打下了坚实的基础。如果供应商提供的设备、配件等不能满足我们的需求，我们就自己设计改良。例如，红木大圆桌上配的转盘，市场上的转盘在使用时噪音大，不结实，放上东西后重心不稳容易歪斜，而且用不了多长时间就转不动了。我们考察了全国的转盘供应商，这几个问题一直得不到解决。最后，我们只能自己设计，特殊定制铝合金铸件，这样制作成的转盘结实牢固。转盘到货后还要经过数小时的磨合，直至转动灵活，没有声响。我曾说过“全国红木家具企业几万家，像‘巧夺天工’这样‘较真’的企业仅此一家”。做传世精品必须具备精益求精的工匠精神。今后，我们将全力以赴把产品做到极致，使产品日趋完美。

山东巧夺天工家具有限公司生产厂长刘春明专访

《家具与室内装饰》杂志主创人之一 王周

王周：您是在“巧夺天工”工作时间最长的员工，也是该企业的高层管理者，可以说是一名成功的职业经理人，是什么原因让您在“巧夺天工”一干就是22年呢？

刘春明：作为打工者，选择一个好的平台要看企业以下三点：待遇、企业未来的发展前景和领导者的个人魅力。“巧夺天工”就是具备以上三点的发展平台，也是能实现自我价值的地方。在这里，我收获了很多。

进入公司之前，我只是给街坊邻居做门窗活的，也做一些普通的家具活，技术不算很好，收入不高，生活条件也不好。来到公司后，我发现自己的技术根本达不到公司的标准，工作压力很大，是董事长在一次会议上的讲话激励了我。他说：“要想富口袋，先富脑袋，收入与能力成正比。”这些话让我明白了要想多赚钱就要先学好技术。于是，我下定决心重新学习，再加上董事长的严格要求，使我有了很大进步。这是我进入“巧夺天工”后收获的第一点。

后来，我在工作中发现，董事长对产品质量的要求非常严格，近乎苛刻，而且他做事很有魄力，对影响产品质量的事绝不放过；对于不在乎产品质量且无法沟通的工人也从不让步，绝不姑息迁就。

我记得在1998年，那时刚建厂不久，仅有十几个木工，经常加班加点地工作。但有几个工人做的产品总是出现质量问题，并且他们还不以为然，董事长在多次教育无效的情况下，将这几个人开除了。当时我不是很理解，在产品供不应求的情况下，开除这几个工人会有损失的。董事长却说：“这样做也是迫不得已，质量是企业的生命。他们不把质量放在第一位，经常做出次品，会影响公司的信誉，长此以往，公司的路会越走越窄。我们做企业不是只做一两年，必须把眼光放长远，容忍了他们就等于容忍了一部分‘差不多先生’，这是绝对不行的。”自此，我知道了董事长有远大的目标，也坚信这样的企业将来一定会了不起。

这件事对我影响很大。作为一名管理者，做事必须要有原则，这也是我现在的做事准则。

作为企业领导人还要有宽广的胸怀。董事长是木工出身，很理解工人的不容易，尽量为员工提供优厚的工资待遇、良好的工作环境，这一点让我很佩服。

不管是普通工人还是管理人员，公司发给他们的工资都远远高于同行，并且每年都会提高，没有哪个岗位的工资是几年不涨的，即使资金紧张也决不拖欠员工工资。

2013 年，“巧夺天工”开始建设红木工业园，第一件事就是建设员工宿舍，为员工提供良好的居住环境，解决员工的后顾之忧。此外，公司斥资为车间配备了从丹麦引进的布袋式除尘设备，大大降低了生产中的粉尘污染，所有车间实现清洁生产，保障了员工的身体健康。

人都是有感情的，现在我们与董事长就像一家人，我们把“巧夺天工”的事业当成了我们自己的事业。

王周：2018 年 5 月 18 日，山东省木材与木制品流通协会红木专业委员会在“巧夺天工”举办红木产业发展研讨会，很多同行业人员对我们的流水线生产模式大加赞赏。请您具体介绍一下流水线生产的情况吧。

刘春明：我先说一下什么是流水线生产。

流水线生产始于 1769 年，是英国人乔赛亚·韦奇伍德在开办埃特鲁利亚陶瓷工厂时，在场内实行精细的劳动分工。他把原来由一个人从头到尾完成的手工制陶流程分成几十道专门工序，分别由专人完成。这样一来，原来意义上的“制陶工”就不复存在了，存在的只是挖泥工、运泥工、拌土工、制坯工等。制陶工匠变成了制陶工厂的工人，他们按固定的工作节奏劳动，服从统一的劳动管理，这样既降低了技术难度，又使他们把单一的工作干得更好，这就是流水线生产模式。

在很多人的认知中，流水线生产就是机械化生产，这是不对的。流水线生产只是一种生产模式，与是否使用机械设备没有任何关系，即使全手工作业也可以实行流水线生产。

再说一下流水线生产的优势。

一是分工细化，能提高生产效率和产品质量。之前，一件家具的制作由一人独立完成，采用流水线生产模式后，分解为十几道工序，由十几个人去完成，每人只负责一道工序，只研究一项技术。还能根据员工各自的技能合理安排工作岗位，实现个人价值最大化。

二是流水线生产可以实现批量化生产，从而降低单件产品的人工成本。以开榫打卯这道工序为例，尺寸一旦设计好，机器一开动，做10件的时间与做20件相差不大，数量越大，单件成本越低。

三是流水线生产能使各工序环环相扣，把上下工序相互监督落到实处，做到人人都是质检员，保证每道工序做出的零部件都能达到标准。有些企业虽然设有专门的质检部门，但仅做抽样检查，常有“漏网之鱼”，而且容易出现腐败、包庇、监管不到位现象。

王周：很多消费者认为流水线生产机械化程度高，产品太规矩，缺乏个性特色，您怎么看待这个问题？

刘春明：这种说法是不对的。流水线生产只是一种生产模式，它分工细化，能把产品做得更好。小作坊是一件一件地做，我们的流水线生产是一次上百件地批量制作。也就是说，做100件产品，我们只需要批量生产一次，而小作坊每次做一件则需要做100次。本质上产品款式都是一样的，而且机械化程度越高，做得越精准。

王周：既然流水线生产的好处这么多，那为什么大部分厂家不采用这种生产模式呢？

刘春明：流水线生产模式说起来简单，但实施起来却很难，要想实现流水线生产作业，必须具备以下条件：一是公司必须具备很强的实力。流水线各工序必须有足够的原料、设备，这些都需要大量的资金投入。二是要有科学合理的管理制度。每道工序必须有严格精准的工作流程及监管标准。三是要有高素质的员工队伍。流水线生产标准高、分工细，需要多人合作，对员工的整体素质要求高。

王周：“巧夺天工”的流水线生产模式日趋成熟，是否意味着企业管理越来越简单？

刘春明：不是这样的，公司目前面临的最大困难首先是人员的管理。红木家具产业属于劳动密集型产业，从业者普遍起点低。现在流行一个词——“工匠”，但在红木家具行业，真正意义上的“工匠”并不多。这些木工师傅们大都 50 ~ 60 岁，他们有技术，能吃苦耐劳，但他们中的绝大部分人文化水平低，没有受过高等教育，甚至有的连自己的名字都写不好。他们中的大部分人之前从事简单的门窗制作工作，也有部分人在管理松散的家庭作坊做过家具，养成了“凡事差不多就行”的坏习惯。而且，他们不容易接受新鲜事物，思想很难转变，管理这些没有受过教育、没有进取心的人，还要让他们“洗心革面”“脱胎换骨”做传世精品更是难上加难。

现在的机械设备更新换代非常快，让“老木匠”学习电脑数控操作真的是很不容易。他们好不容易刚学会了一套新设备的操作流程，没过两年，又引进了更先进的设备，很多木工看着没用多久的设备又将被淘汰，非常不理解，常发牢骚说：“刚掌握熟练，又要重新学！”

其次是招人难。我们的标准高、要求严，即便有技术的木工也不一定都适合，有些看着合适的人也要经过长时间的培训才能达到我们的要求。每年前来应聘的人有很多，但能留下来的却很少。久而久之，很多人听说我们的标准高、要求严，工作态度随性的不愿来，家离公司远的也不愿来，而周边的木工又十分有限，这使得我们只能招聘那些毫无经验的年轻人从头开始一点点教。我们的初衷是好的，但实践起来却不顺利。学习木工技术是一个长期的过程，急功近利的人注定学不成。因此，符合要求的年轻人并不多，即使找到合适的人，培训也很难。培训一个合格的木工至少需要3年的时间，这期间，我们只能通过高工资留人。我们一点点地教，比教育自己的孩子付出得还多，即便是这样，最后能达到公司要求的员工也不多。

王周：如此看来，消费者能用上“巧夺天工”的产品是一件很幸福的事。

刘春明：是啊，当我听到客户说“‘巧夺天工’的产品非常好，我们用着很放心”时，我感到很欣慰，觉得我们所有的付出都是值得的。

（本文创作于2018年10月，有删改）